·代码逆袭·

U0322841

```
, {
canvas.width = canvas.parentNode.clientW
canvas.height = canvas.parentNode.client
var ctx = canvas.getContext("2d");
ctx.fillStyle = '#000';
ctx.fillRect(0, 0, canvas.width, canvas
ctx.fillStyle = '#333333';
ctx.fillRect(canvas.width / 3, canvas.height /
nvas.wi                    3,
```

超实用的
HTML代码段

赵荣娇 等编著

电子工业出版社·
Publishing House of Electronics Industry
北京·BEIJING

内 容 简 介

本书精选 300 余段 HTML 代码，覆盖了几乎所有的 HTML 元素，是网站建设和网页设计人员在设计 HTML 结构代码时不可或缺的设计方案、技巧和参照。本书的代码从基础的 HTML 元素讲起，每一个讲解都附有实践，涵盖了从 HTML 4 到 HTML 5 的新元素，这些网页跨平台、跨设备、跨浏览器，充分向读者演示了如何使用 HTML 的各个元素和使用技巧。

本书从创建 HTML 文档开始介绍，分别按章节介绍了 HTML 各元素的作用和使用方法，并对常用的 HTML 代码段进行了介绍和演示。全书分为 17 章，包含 HTML 文档、头部 meta 元素、文字、图像、链接、页面布局、文档结构划分、多媒体、表格、表单、框架、Canvas、地理位置、本地存储、应用缓存及其他常用代码等网页结构设计技术。这些结构代码所阐述的 HTML 元素的常用方法对于快速设计简洁、通用的 HTML 网页结构的开发人员和设计人员具有重要的指导作用。

本书内容简洁明了、代码精练、重点突出、实例丰富、语言通俗易懂、原理清晰明白，是广大网页设计入门者和提高者的良好选择，同时也非常适合大中专院校学生学习阅读，也可作为高等院校非计算机专业，以及计算机非网络工程及相关专业的辅助读物。

图书在版编目（CIP）数据

超实用的 HTML 代码段 / 赵荣娇等编著. —北京：电子工业出版社，2015.9
（代码逆袭）
ISBN 978-7-121-26935-6

Ⅰ. ①超… Ⅱ. ①赵… Ⅲ. ①超文本标记语言－程序设计 Ⅳ. ①TP312

中国版本图书馆 CIP 数据核字（2015）第 189011 号

责任编辑：董　英
印　　刷：三河市鑫金马印装有限公司
装　　订：三河市鑫金马印装有限公司
出版发行：电子工业出版社
　　　　　北京市海淀区万寿路 173 信箱　　　邮编：100036
开　　本：787×1092　　1/16　　　印张：18　　　字数：438 千字
版　　次：2015 年 9 月第 1 版
印　　次：2016 年 1 月第 2 次印刷
印　　数：3001~4500 册　　　定价：59.00 元

凡所购买电子工业出版社图书有缺损问题，请向购买书店调换。若书店售缺，请与本社发行部联系，联系及邮购电话：（010）88254888。
质量投诉请发邮件至 zlts@phei.com.cn，盗版侵权举报请发邮件到 dbqq@phei.com.cn。
服务热线：（010）88258888。

前　言 ⇢

目前互联网上的绝大部分网页都是使用 HTML 编写的，微信里所有的动画游戏和酷炫页面基本都是使用 HTML 5 编写的。由此可以看出，HTML 绝对是目前最流行、最酷炫的页面设计语言。

本书是一本讲解 HTML 代码实践的书，它为读者全面深入地讲解了针对各种屏幕大小设计和开发现代网站的 HTML 技术。300 余段代码给读者带来的不仅仅是网页结构设计的提速，更是教会读者如何应对 HTML 中涉及的跨浏览器兼容，如何处理结构语义化搜索引擎优化、创建高性能网页等时时刻刻困扰网页开发人员的问题。

HTML 中的那些槛儿

这些常见的 HTML 问题，你了解多少？

- 跨浏览器的兼容。
- 网页文字内容组织。
- 页面布局。
- 划分文档结构。
- 多媒体文件的引入。
- 处理框架。

以上所有内容在本书的代码中都有讲解，除了这些常见 HTML 问题外，本书还力求将最有用的 HTML 代码汇总在一起，提供各种解决实际问题的跨浏览器方案。

如何学习 HTML

11 个字就能帮助我们更好地学习 HTML。

- **多看、多练**：观摩成功的网页结构，分析并练习网页设计中常用的 HTML 结构代码。
- **多想、多问**：思考设计实现的原理，提出自己的问题并通过各种渠道来寻找答案。
- **多总结**：记录前人已经探索出来的 HTML 结构技巧，总结实战中碰到的问题及解决方案。

只要真正能做到勤思考、勤动手、勤总结，HTML 学习定能一马平川。

本书的内容安排

本书共 17 章，各章节分别介绍了 HTML 的不同内容，安排如下。

第 1 章　创建 HTML 文档，介绍 HTML 文档的基本结构，包括认识 HTML 文档类型，并介绍使用 head 元素、title 元素、meta 元素、body 元素、base 元素等创建 HTML 文档的主要部分，并详细介绍定义网页在不同媒体中显示的样式、 指定外部资源的 Link 元素、添加网站 Logo、预先获取资源 Link Prefetch、利用 script 元素定义客户端脚本、内嵌脚本、载入外部脚本库、延迟脚本执行、异步执行脚本、noscript 元素、HTML 属性、为元素指定类或 ID 名称、为元素添加 title 属性、添加注释等常用技术。

第 2 章　头部 meta 元素，介绍网页中常见的元数据信息的定义方式，包括定义页面关键字、设置页面描述、强制打开新窗口、编辑工具、设定作者信息、限制搜索方式、网页语言与文字、定时跳转页面、设定网页缓存过期时间、禁止从缓存中调用、删除过期的cookie、设置网页的过渡效果等。

第 3 章　标记文字，介绍网页上最常见的内容——文字的标记技术，包括标题显示，表示关键字和产品名称的文案的展示，强调文案的展示方式，表示外文词语或科技术语的展示，表示不正确或校正的展示，表示重要的文字的展示，为文字添加下画线的方法，添加小号字体内容的元素，添加上标和下标的方法，指明可以安全换行的建议位置的方法，表示输入和输出的元素，使用标题引用、引文、定义和缩写，定义术语的元素，引用来自他处的内容的设计方法，表示时间和日期的元素等。

第 4 章　显示图像，介绍网页使用图像相关的知识点，从图像格式开始，到图像的使用、语义化图像等，介绍了图像的几种常用的使用方法与使用场景。

第 5 章　生成超链接，详细介绍超链接的生成、使用及不同的使用场景，包括生成指向外部的超链接、使用相对 URL、生成页面内部的超链接、设定浏览环境、图像链接、在框架中打开等技巧。

第 6 章　组织文字内容，网页的外观是否美观，在很大程度上取决于其排版，本章介绍文字内容的组织，包括段落、页面主体的结构化布局、使用预先编排好格式的内容、引用他处内容、添加主题分隔线、将内容组织为列表、输出有顺序关系的内容、使用无序列表输出无序并列的内容、使用自定义列表输出有标题的并列内容、列表项的使用、使用菜单列表、使用下拉列表、在页面中输出对话等。

第 7 章　划分文档结构，包括添加基本的标题、隐藏子标题 hgroup、 生成节<section>、为区域添加头部和尾部、添加导航区域、在页面中输出文章、生成附注栏、 在页面输出联系人信息、生成详情区域等。

第 8 章　多媒体文件，包括使用多媒体打造丰富的视觉效果、全面兼容的 video、多媒体文件标签、object 元素、param 元素、嵌入 Flash 代码、实现 Flash 全屏播放、文字的滚动、定义媒介源、定义媒介外部文本轨道等技术。

第 9 章　表格，包括生成基本的表格、让表格没有凹凸感、添加表头、为表格添加结构、制作不规则的表格、正确地设置表格列、设置表格边框、其他表格设计等技术。

第 10 章　表单与文件，包括制作基本表单、自动聚焦、禁用单个 input 元素、关闭输入框的自动提示功能、关闭输入法、按回车键跳转到下一个输入框、定制 input 元素、生成隐藏的数据项、输入验证、生成按钮、使用表单外的元素、显示进度、密钥对生成器等技术。

第 11 章　网页中的框架，包括在页面中使用 iframe、设置 iframe 透明背景色、让 iframe 高度自适应、垂直框架、水平框架、混合框架、使用<noframes>标签等技术。

第 12 章　HTML 5 Canvas，包括在页面中使用 Canvas 元素、使用路径和坐标、绘制弧形和圆形、用纯色填充图形、使用渐变色填充、在画布中绘制文本、将画布输出为 PNG 图片文件、复杂场景使用多层画布、使用 requestAnimationFrame 制作游戏或动画、如何显示满屏 Canvas、Canvas 圆环进度条等技术。

第 13 章　HTML 5 地理定位，包括使用 navigator 对象、获取当前位置、浏览器支持等技术。

第 14 章　HTML 5 本地存储，包括在客户端存储数据、检查 HTML 5 存储支持、利用 localStorage 进行本地存储、利用 localStorage 存储 JSON 对象、利用 localStorage 记录用户表单输入、利用 localStorage 进行跨文档数据传递、在 localStorage 中存储图片、在 localStorage 中存储文件、使用 localForage 进行离线存储、利用 sessionStorage 进行本地存储等技术。

第 15 章　HTML 5 应用缓存，包括使用 cache manifest 创建页面缓存、离线 Web 网页或应用、删除本地缓存、更新缓存文件、使用 HTML 5 离线应用程序缓存事件、如何使缓存失效等技术。

第 16 章　移动开发，包括手机上直接电话呼叫或短信、设置 iPhone 书签栏图标、HTML 5 表单、HTML 5 相册等技术。

第 17 章　其他常用代码，包括让 IE 支持 HTML 5 标签、网页自动关闭、地址栏换成自己的图标、网页不能另存、禁止查看网页源代码、网页不出现滚动条、设定打开网页的大小、变换当前网页的光标等技术。

本书面对的读者

- 网页设计入门者
- 网页开发入门者
- HTML 学习爱好者
- 由 HTML 4 向 HTML 5 转型的开发人员
- 中小型企业网站开发者
- 微信内网页开发人员
- 大中专院校的学生
- 各种 IT 培训学校的学生
- 网站后台开发人员
- 网站建设与网页设计的相关威客兼职人员

本书的服务

笔者能力有限，如果读者发现我们在写作过程中有什么疏漏，或者您对本书有什么疑问，可通过以下方式与我们沟通。

- QQ 群：296811675，作者在线答疑。
- 通过新浪微博@博文视点 Broadview，了解我们发布的信息和各种前端流行技术。
- 博文视点官方网站 http://www.broadview.com.cn/，下载本书所有实例源代码和考题答案。
- Github，https://github.com/yinqiao/superhtml，了解代码的实时更新和迭代过程，可以在每章代码下参与讨论，也可以观看其他读者提出的问题，还可以随时随地下载代码。

编辑推荐

HTML 是永恒的页面语言，不管是 PC 端还是移动端，不管是微信的页面还是 iOS、Android 的页面，都离不开 HTML。随着移动 APP 的流行，HTML 5 也发挥了越来越大的作用。本书是一本 HTML 代码书，300 余段代码能让你更轻松地学会 HTML，更得心应手地应用 HTML。

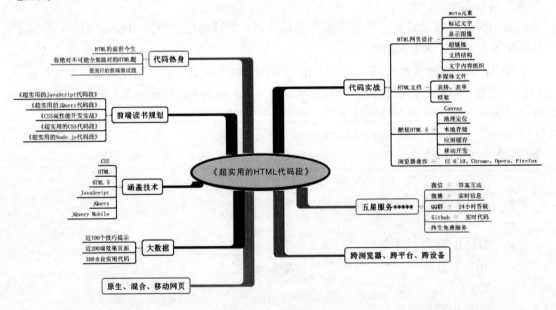

参与本书编写的还有刘鑫、陈士领、陈丽、毛聪、王琳、张喆、薛淑英、李兰英、周洋、张学军、张兴瑜、陈宇、王健、张鑫，特此感谢！

序 1　HTML 的前世今生　⇢

　　本书的案例允许读者没有 HTML 基础，以实践代码为主，网页中的每个元素、每个知识点都配有小案例代码，以便于读者充分实践。

什么是 HTML

　　HTML（HyperText Mark-up Language）是超文本标记语言或超文本链接标识语言，是目前网络上应用最为广泛的语言，也是构成网页文档的主要语言。HTML 文本是由 HTML 命令组成的描述性文本，HTML 通过标记符号来标记要显示的网页中的各个部分，HTML 标记可以定义文字、图形、动画、声音、表格、链接等丰富的网页元素。HTML 的结构包括头部（Head）、主体（Body）两大部分，其中头部描述浏览器所需的信息，而主体则包含所要说明的具体内容。

HTML 标准的版本历史

　　HTML 超文本标记语言（第 1 版）在 1993 年 6 月由互联网工程工作小组（IETF）工作草案发布（并非标准）。但是，HTML 没有 1.0 版本是因为当时有很多不同的版本。有些人认为蒂姆·伯纳斯·李的版本应该算初版，这个版本没有 IMG 元素。当时被称为 HTML+的后续版的开发工作于 1993 年开始，最初被设计成为"HTML 的一个超集"。第一个正式规范为了和当时的各种 HTML 标准区分开来，使用了 2.0 作为其版本号。HTML+继续发展下去，但是它从未成为标准。

　　HTML 3.0 规范是由当时刚成立的 W3C 于 1995 年 3 月提出的，提供了很多新的特性，例如表格、文字绕排和复杂数学元素的显示。虽然它是被设计用来兼容 2.0 版本的，但是在当时实现这个标准的工作过于复杂，在草案于 1995 年 9 月过期时，标准开发也因为缺乏浏览器支持而中止了。

　　HTML 4 同样也加入了很多特定浏览器的元素和属性，但是同时也开始"清理"这个标准，把一些元素和属性标记为过时的，建议不再使用它们，HTML 的未来和 CSS 结合会更好。HTML 4 的新特性之一是可以使 HTML 事件触发浏览器中的行为，比方说当用户单击某个 HTML 元素时启动一段 JavaScript。在现代浏览器中都内置有大量的事件处理器，这些处理器会监视特定的条件或用户行为，例如鼠标单击或浏览器窗口中完成加载某个图像。通过使用客户端的 JavaScript，可以将某些特定的事件处理器作为属性添加给特定的标签，并可以在事件发生时执行一个或多个 JavaScript 命令或函数。

HTML 5 草案的前身名为 Web Applications 1.0。于 2004 年被 WHATWG 提出，于 2007 年被 W3C 接纳，并成立了新的 HTML 工作团队。在 2008 年 1 月 22 日，第一份正式草案发布。2014 年 10 月 29 日，万维网联盟宣布，经过接近 8 年的艰苦努力，该标准规范终于制定完成。

从前端技术的角度看，互联网的发展可被划分为 3 个阶段，分别是 Web 1.0、Web 2.0 和 HTML 5。这 3 个阶段的发展从以内容为主、发展到以 Ajax 应用为主，即将进入或者说正在进入富图形、富媒体内容的时代。

HTML 有什么特点和好处

HTML 文档制作方便快捷，且功能强大，支持不同数据格式的文件嵌入，其主要特点包括以下几个方面。

- **简易性**：HTML 版本升级采用超集方式，从而更加灵活方便。
- **可扩展性**：HTML 语言的广泛应用带来了加强功能、增加标识符等要求，HTML 采取子类元素的方式，为系统扩展带来保证。
- **平台无关性**：HTML 可以使用在广泛的平台上，这也促进了万维网的发展。

HTML 5

HTML 5 的改进

HTML 5 增加了更多样化的 API，提供了嵌入音频、视频、图片的函数、客户端数据存储及交互式文档。其他特性包括新的页面元素，例如<header>、<section>、<footer>及<figure>。

HTML 5 通过制定如何处理所有 HTML 元素及如何从错误中恢复的精确规则，改进了互操作性，并减少了开发成本。一些新的元素和属性，反映了典型的现代用法网站。其中有些是技术上类似<div>和<span>的标签，例如<nav>（网站导航块）和<footer>，这种标签将有利于搜索引擎的索引整理、小银幕装置和视障人士的使用。同时通过一个标准界面为其他浏览要素提供了新的功能，如<audio>和<video>标记。

一些过时的 HTML 4 标记将被取消，其中包括纯粹显示效果的标记，如<font>和<center>，因为通过 CSS 来实现可以表现得更加优雅。

HTML 5 的设计目的

HTML 5 的设计目的是为了在移动设备上支持多媒体。新的语法特征被引进以支持这一点，如 video、audio 和 canvas 标记。HTML 5 还引进了新的功能，可以真正改变用户与文档的交互方式，包括：

- 新的解析规则增强了灵活性。
- 新属性。
- 淘汰过时的或冗余的属性。
- 一个 HTML 5 文档到另一个文档间的拖放功能。
- 离线编辑。
- 信息传递的增强。
- 详细的解析规则。
- 多用途互联网邮件扩展（MIME）和协议处理程序注册。
- 在 SQL 数据库中存储数据的通用标准（Web SQL）。

HTML 5 的特性

1．语义特性（Class：Semantic）

HTML 5 赋予网页更好的意义和结构。更加丰富的标签将随着对 RDFa 的微数据与微格式等方面的支持，构建对程序、对用户都更有价值的数据驱动的 Web。

2．本地存储特性（Class：OFFLINE & STORAGE）

基于 HTML 5 开发的网页 APP 拥有更短的启动时间，更快的连网速度，这些全得益于 HTML 5 APP Cache，以及本地存储功能——Indexed DB（HTML 5 本地存储最重要的技术之一）和 API 说明文档。

3．设备兼容特性（Class：DEVICE ACCESS）

从 Geolocation 功能的 API 文档公开以来，HTML 5 为网页应用开发者们提供了更多功能上的优化选择，带来了更多体验功能的优势。HTML 5 提供了前所未有的数据与应用接入开放接口，使外部应用可以直接与浏览器内部的数据相连，例如视频影音可直接与麦克风及摄像头相连。

4．连接特性（Class：CONNECTIVITY）

更高的连接工作效率，使得基于页面的实时聊天、更快速的网页游戏体验、更优化的在线交流得到了实现。HTML 5 拥有更有效的服务器推送技术，Server-Sent Event 和 WebSockets 就是其中的两个特性，这两个特性能够帮助我们实现服务器将数据"推送"到客户端的功能。

5．网页多媒体特性（Class：MULTIMEDIA）

支持网页端的 Audio、Video 等多媒体功能，与网站自带的 APPS、摄像头、影音功能相得益彰。

6．三维、图形及特效特性（Class：3D、Graphics & Effects）

基于 SVG、Canvas、WebGL 及 CSS3 的 3D 功能，用户会惊叹于在浏览器中所呈现的惊人的视觉效果。

7．性能与集成特性（Class：Performance & Integration）

没有用户会永远等待你的 Loading——HTML 5 会通过 XMLHttpRequest2 等技术，解决以前的跨域等问题，帮助您的 Web 应用和网站在多样化的环境中更快速地工作。

8．CSS 3 特性（Class：CSS3）

在不牺牲性能和语义结构的前提下，CSS3 中提供了更多的风格和更强的效果。此外，较之以前的 Web 排版，Web 的开放字体格式（WOFF）也提供了更高的灵活性和控制性。

HTML 5 的优点和缺点

HTML 5 本身是由 W3C 推出的，它是谷歌、苹果、诺基亚、中国移动等几百家公司一起酝酿的技术，这个技术最大的好处在于它是一个公开的技术。换句话说，每一个公开的标准都可以根据 W3C 的资料库找寻根源。另一方面，W3C 通过的 HTML 5 标准也就意味着每一个浏览器或每一个平台都会去实现。

首先，多设备跨平台。

HTML 5 的优点主要在于，这个技术可以进行跨平台使用。比如你开发了一款 HTML 5 游戏，你可以很轻易地移植到 UC 的开放平台、Opera 的游戏中心、Facebook 的应用平台，甚至可以通过封装的技术发放到 App Store 或 Google Play 上，所以它的跨平台性非常强大，这也是大多数人对 HTML 5 感兴趣的主要原因。

其次，有利于自适应网页设计。

很早就有人设想，能不能"一次设计，普遍适用"，让同一张网页自动适应不同大小的屏幕，根据屏幕宽度，自动调整布局（layout）。2010 年，Ethan Marcotte 提出了"自适应网页设计"这个名词，指可以自动识别屏幕宽度并做出相应调整的网页设计。

这就解决了传统的一种局面——网站为不同的设备提供不同的网页，比如专门提供一个 mobile 版本，或者 iPhone/iPad 版本。这样做固然保证了效果，但是比较麻烦，同时要维护好几个版本，而且如果一个网站有多个 portal（入口），会大大增加架构设计的复杂度。

最后，即时更新。

游戏客户端每次都要更新，很麻烦。可是更新 HTML 5 游戏就好像更新页面一样，是马上的、即时的更新。

总结概括一下，HTML 5 有以下优点：

- 提高可用性和改进用户的友好体验。
- 有几个新的标签，这将有助于开发人员定义重要的内容。
- 可以给站点带来更多的多媒体元素（视频和音频）。
- 可以很好地替代 Flash 和 Silverlight。
- 当涉及网站的抓取和索引的时候，对于 SEO 很友好。

- 将被大量应用于移动应用程序和游戏。
- 可移植性好。

但是，HTML 5 的缺点在于该标准并未能很好地被所有的浏览器所支持。因为新标签的引入，各浏览器之间将缺少一种统一的数据描述格式，产生了一定的开发成本，如果兼容性做得不好将造成用户体验不一致。

发展趋势

HTML 5 规范开发完成时，将成为主流。据中国互联网络信息中心（CNNIC）2015 年 2 月发布的《第 35 次中国互联网络发展状况统计报告》，截至 2014 年底，中国的移动网民数已经达到 5.57 亿，占中国总体网民数的 85.8%。据 IDC 的调查报告统计，截至 2013 年 5 月，有 79%的移动开发商已经决定要在其已有程序中整合 HTML 5 技术。

从性能角度来说，HTML 5 首先是减小了 HTML 文档的体积，这对于移动网页性能提升大有益处。从未来趋势来看，移动优先、重在体验。浏览 Web 的设备以任意的形状和尺寸出现，你需要针对屏幕尺寸进行分类和处理。移动优先，能确保你的设计适合绝大多数人，并让最重要的细节成为焦点。内容至上与移动优先并不矛盾，如何通过移动优先的设计来充分提升网站内容和品牌正是当下设计的核心思考。

序2　你绝对不可能全部
做对的 HTML 题

1. 关于 XHTML 1.0 规定的级别声明，下面选项中属于严格类型的是（　　）。

    A. Strict

    B. Trasitional

    C. Frameset

    D. Mobile

2. 下面 HTML 标签中，默认占据整行的是（　　）。

    A. <img>

    B. <div>

    C. <span>

    D. <a>

3. 下面 HTML 代码片段中符合 XHTML 使用规范的是（　　）。

    A. <table><tr><td></tr></table>

    B. <input type="checkbox" checked />

    C. <img src="title.jpg" alt="Welcome">

    D. <hr />

4. 下面选项中，可以设置页面中某个DIV标签相对页面水平居中的CSS样式是（　　）。

    A. margin:0 auto

    B. padding:0 auto

    C. text-align:center

    D. vertical-align:middle

5. 在 HTML 中，DIV 默认样式下是不带滚动条的，若要使<div>标签出现滚动条，
需要为该标签定义（　　）样式。

    A. overflow:hidden;

B．display:block;

C．overflow:scroll;

D．display:scroll;

6．阅读下面的 HTML 代码，下面选项中增加的样式可以使两个 DIV 不在同一行显示的是（　　）。

```
<style type="text/css">
div { float:right; }
</style>
......
<div class="box1"></div>
<div class="box2"></div>
......
```

A．.box2{ clear:left; }

B．.box2{ clear:both; }

C．.box1{ clear:right; }

D．.box2 { clear:right; }

7．在 HTML 中，<iframe>标签的（　　）属性用来设置框架链接页面的地址。

A．src　　　　B．href　　　　C．target　　　D．id

8．在 HTML 中，<label>标签的（　　）属性用来把<label>绑定到另外一个元素上，当单击<label>标签时，被绑定的元素将会自动获得焦点。

A．name　　　B．id　　　　　C．for　　　　D．target

9．在 W3C 规范中，下面关于 HTML 标签的描述错误的是（　　）。

A．<html>标签在页面中只能有 1 个

B．<body>标签在页面中只能有 1 个

C．内嵌框架是自身闭合的标签，写法是<iframe />

D．<textarea>标签的 value 属性用来设置多行文本框中的默认文本

10．下面对 JPEG 格式描述不正确的一项是（　　）

A．照片，油画和一些细腻、讲求色彩浓淡的图片常采用 JPEG 格式

B．JPEG 支持很高的压缩率，因此其图像的下载速度非常快

C．最高只能以 256 色显示的用户可能无法观看 JPEG 图像

D．采用 JPEG 格式对图片进行压缩后，还能再打开图片，然后对它重新整饰、编辑、压缩

11．在一个框架组的属性面板中，不能设置下面哪一项（　　）

A．边框颜色

B．子框架的宽度或者高度

C. 边框宽度

D. 滚动条

13. Web 安全色所能够显示的颜色种类为（ ）。

A. 216 色

B. 256 色

C. 千万种颜色

D. 1500 种色

12. 常用的网页图像格式有（ ）。

A. gif，tiff

B. tiff，jpg

C. gif，jpg

D. tiff，png

13. 如果要表单提交信息不以附件的形式发送，只要将表单的"MTME 类型"设置为（ ）。

A. text/plain

B. password

C. submit

D. button

14. 在 HTML 中，（ ）不是链接的目标属性。

A. self

B. new

C. blank

D. top

15. 如果站点服务器支持安全套接层（SSL），那么连接到安全站点上的所有 URL 开头是（ ）。

A. HTTP

B. HTTPS

C. SHTTP

D. SSL

16. background-repeat 默认效果是（ ）。

A. 背景图不平铺

B．背景图横向平铺

C．背景图纵向平铺

D．背景图纵向和横向平铺

17．怎样使一个层垂直居中于浏览器中？（　　）

A．p adding: 50% 50%.

B．margin: 50% 50%

C．m argin: 0 auto

D．m argin: -100 auto

18．如何设置英文首字母大写？（　　）

A．text-transform:uppercase

B．text-transform:capitalize

C．text-decoration:none

D．样式表无法实现

19．以下关于:after 伪类对象说法正确是（　　）。

A．: after 伪元素在元素之后添加内容

B．: after 伪元素只能应用于超链接标签 a

C．使用:after 伪元素可能导致浮动元素塌陷

D．: after 不可以在元素之后添加指定链接的文件内容

20．设置文本不换行的样式属性是（　　）。

A．word-break

B．letter-spacing

C．white-space

D．word-spacing

21．目前有哪些浏览器支持 webp 格式图片？（　　）

A．Chrome、Firefox

B．Chrome、Safari

C．Chrome、Opera

D．Chrome、IE

序 3　最流行的前端面试题

1. 谈谈你对 Web 标准以及 W3C 的理解与认识。
2. Doctype 有严格模式与混杂模式，如何触发这两种模式，区分它们有何意义？
3. XHTML 和 HTML 有什么区别？
4. 行内元素有哪些？块级元素有哪些？空（void）元素有哪些？
5. 你主要在哪些浏览器中进行测试？这些浏览器的内核分别是什么？
6. 什么是 Semantic HTML（语义 HTML）？
7. 表格的语义化可以用哪个标签？
8. <img>标签上 title 与 alt 属性的区别是什么？
9. iframe 有哪些缺点？
10. 你如何对网站的文件和资源进行优化？
11. 在网页中应该使用奇数字体还是偶数字体？为什么？
12. 什么是 HTML 5？为什么 HTML 5 里面我们不需要 DTD（Document Type Definition，文档类型定义）？如果我不放入<! DOCTYPE html>，HTML 5 还会工作吗？哪些浏览器支持 HTML 5？
13. HTML 5 的页面结构同 HTML 4 或者更早的 HTML 有什么区别？
14. HTML 5 文档类型和字符集是什么？
15. HTML 5 中如何嵌入音频？
16. HTML 5 中如何嵌入视频？
17. HTML 5 的 form 如何关闭自动完成功能？
18. 除了 audio 和 video，HTML 5 还有哪些媒体标签？
19. HTML 5 有哪些新的页面元素？
20. HTML 5 去除了哪些页面元素？
21. HTML 5 中有哪些不同的新的表单元素类型？
22. 什么是 SVG（Scalable Vector Graphics，可缩放矢量图形）？HTML 5 中 Canvas 是什么？
23. Canvas 和 SVG 图形的区别是什么？
24. HTML 5 标准提供了哪些新的 API？
25. 什么是 Web Workers？为什么我们需要它们？

26. HTML 5 存储类型有什么区别？

27. HTML 5 中的本地存储概念是什么？

28. 什么是事务存储？我们如何创建一个事务存储？

29. 什么是 WebSQL？

30. HTML 5 中的应用缓存是什么？HTML 5 中我们如何实现应用缓存？我们如何刷新浏览器的应用缓存？HTML 5 应用程序缓存和浏览器缓存有什么区别？

31. 页面可见性（Page Visibility）API 可以有哪些用途？

目 录

第 1 章　创建 HTML 文档

在互联网高速发展的时代，各种新的 Web 开发技术层出不穷，但最基本的仍然是 HTML，HTML 是 Web 技术的核心和基础。

HTML（Hyper Text Mark-up Language）是制作 Web 页面的超文本标记语言，它是目前网络上应用最为广泛的语言，也是构成网页文档的主要语言。无论是发布在网上的信息、显示的图片，还是复杂的交互程序（比如登录网站、短消息提示），都离不开 HTML。

本章介绍构建一个 HTML 文档最基础的元素，每个 HTML 文档都要用到这类元素。如何正确地使用这些元素，对于创建标准的 HTML 文档非常关键。

本章主要涉及的知识点：

- HTML 文档的基本结构
- HTML 文档类型
- 利用 HTML 元素定义中文网页
- 利用 title 定义网页的标题
- 利用 body 元素定义文档主体
- 利用 meta 元素定义页面元信息
- 利用 base 元素定义基底网址
- 定义网页在不同媒体显示的样式
- 指定外部资源的 link 元素
- 添加网站 Logo
- 预先获取资源 Link Prefetch
- 利用 script 元素定义客户端脚本
- 内嵌脚本
- 载入外部脚本库
- 延迟脚本执行
- 异步执行脚本
- noscript 元素
- HTML 属性
- 为元素指定类或 ID 名称
- 为元素添加 title 属性
- 添加注释
- 浏览器对属性的支持

1.1　HTML 文档的基本结构

一个 HTML 文档是由一系列的 HTML 元素和标签组成的。元素是 HTML 文档的重要组成部分，例如 html（html 文档开始标签）、title（文档标题）和 img（图像）等。元素名不区分大小写。HTML 用标签来规定元素的属性及它在文档中的位置。

HTML 的标签分为单独出现的标签和成对出现的标签两种。

（1）单独出现的标签，其作用是在相应的位置插入元素。语法格式：

```
<元素名称/>
```

（2）大多数标签成对出现，由开始标签（<元素名称>）和结束标签（</元素名称>）组成。语法格式：

```
<元素名称>要控制的元素</元素名称>
```

在每个 HTML 标签中，还可以设置一些属性，用以控制 HTML 标签所建立的元素。这些属性都位于开始标签中。语法格式：

```
<元素名称 属性 1="值 1" 属性 2="值 2">要控制的元素</元素名称>
```

当一对 HTML 标签将一段文字包含在其中，这段文字与包含文字的 HTML 标签就共同组成了一个元素。在 HTML 语法中，每个元素还可以包含另一个元素。

一个完整的 HTML 文档由一系列 HTML 元素按照一定的标准组合而成，HTML 元素可以说明文字、图形、动画、声音、表格、链接等。

说明：每个 HTML 文档都必须由 DOCTYPE、html、head 和 body 这 4 类元素构成。

1.2　HTML 文档类型

由于 HTML 版本繁多，HTML 文档需要告诉浏览器所使用的 HTML 版本，浏览器通过 DOCTYPE 声明来识别 HTML 版本并正确显示需要输出的内容。

DOCTYPE 由一个单独出现的标签组成。HMTL 文档应以 DOCTYPE 开始，用来说明文档中使用的标签类型。

在 HTML 4 和 XHTML 1.0 时代，有好几种可供选择的 DOCTYPE，每一种都会指明使用的 HTML 是严格型还是过渡型模式。由于太难记，每次都需要从某个地方把这些代码复制过来。例如，HTML 过渡型文档的 DOCTYPE：

```
<!DOCTYPE HTML PUBLIC "-//W3C//DTD HTML 4.01 Transitional//EN" "http://www.w3.org/
TR/html4/loose.dtd">
```

　　<!DOCTYPE>声明不是 HTML 标签，它是指示浏览器该页面使用哪个 HTML 版本进行编写的指令。<!DOCTYPE> 声明引用 DTD，DTD 规定了标记语言的规则，这样浏览器才能正确地呈现内容。DTD（Document Type Definition）即文档类型定义。

　　HTML 严格模式：

```
<!DOCTYPE HTML PUBLIC "-//W3C//DTD HTML 4.01//EN" "http://www.w3.org/TR/html4/strict.
    dtd">
```

　　HTML 过渡模式：

```
<!DOCTYPE HTML PUBLIC "-//W3C//DTD HTML 4.01 Transitional//EN" "http://www.w3.org/TR/
    html4/loose.dtd">
```

　　相比传统 HTML 和 XHTML 文档中的 DOCTYPE，HTML 5 则更为简单，所有浏览器都通用，不需要担心会出现兼容性问题，只需记住这个即可：

```
<!DOCTYPE html>
```

　　<!DOCTYPE>标签中的 html，是告诉浏览器处理的是 HTML 文档。

　　注意： <!DOCTYPE html>必须在文档的第一行，前面不能有空格和空行。否则，可能会导致 HTML 代码在浏览器中无法被正确地解析出来。

1.3 利用 HTML 元素定义中文网页

　　DOCTYPE 定义好之后，紧接着定义 html 元素。html 元素是 HTML 文档的根元素，所有 HTML 标签都要放在<html>标签内。

　　DOCTYPE 和 html 两个元素构成了 HTML 文档最外层的结构。本例定义一个中文网页，代码如下：

```
01   <!DOCTYPE html>
02   <html lang="zh">
03   ... HTML code ...
04   </html>
```

　　<html>标签是成对出现的，文件中所有的内容和其他 HTML 标签都包含在其中。

　　开始标签<html>中的 lang 属性只有在 HTML 5 中才需要指定。该属性定义了创建文档内容的人类语言类型，本例 lang="zh"，zh 是中文的意思。

　　上述代码的浏览器显示效果如图 1.1 所示。

　　此时，浏览器窗口中无任何显示内容，因为我们没有设计 HTML 的内容元素<body>。

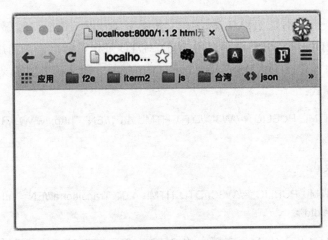

图 1.1　只有 html 元素的页面

1.4　利用 title 定义网页的标题

<html>标签中的 HTML 代码主要分成两部分。第一部分是文档头,包含在<head>标签对内;第二部分是文档正文,包含在<body>标签对内。

在<head>标签对内,通常包含文档标题、提供关于文档本身的信息、以及加入一些外部资源(例如:加载 CSS 样式表)。

除了标题与图像之外,文档中位于<head>标签对内的其他信息通常都是不可见的。代码如下:

```
01    <!DOCTYPE html>
02    <html>
03    <head>
04        <meta charset="utf-8" />
05        <title>head 元素</title>
06    </head>
07    </html>
```

示例中 head 元素中包含了<meta>和<title>标签。每个 HTML 文档头部都应该包含这两个基本元素。

- <meta charset="utf-8" />,将文档的字符编码声明为 UTF-8。空格和斜杠可以不输入。如果不声明字符编码,网页将有可能以乱码的方式呈现。
- <title>标签,用来设置文档的标题或名称,浏览器通常将该元素的内容显示在其窗口顶部或标签页的标签上。

本例浏览器显示效果如图 1.2 所示。其中方框处为<title>标签内的文字内容。

<head>标签用于定义文档的头部,它是所有头部元素的容器。<head>中的元素可以引

用脚本、指示样式表、提供元信息等。

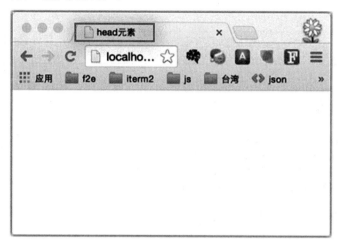

图 1.2　网页的标题

文档的头部描述了文档的各种属性和信息，包括文档的标题、在 Web 中的位置以及和其他文档的关系等。绝大多数文档头部包含的数据都不会真正作为内容显示给读者。

注意： 每个 HTML 文档都应该有且只有一对<title>标签，在这个标签对之间的文字在浏览器用户眼里应该具有实际意义，使用户能够根据文字区分不同的浏览器窗口或浏览器的各个标签页。

1.5　利用 meta 元素定义页面元信息

<meta>标签位于文档的头部，定义了与文档相关联的元信息，这些元信息总是以"名称/值"的形式被成对进行定义的。

<meta>标签的 name 属性提供了"名称/值"对中的名称，content 属性是定义元信息"名称/值"对中的值，content 属性始终要和 name 属性或 http-equiv 属性一起使用。<meta>属性如表 1.1 所示。

表 1.1　meta相关的属性

属性名	值	属性作用
name	author description keywords generator revised others	把 content 属性关联到一个名称
http-equiv	content-type expires refresh set-cookie	把 content 属性关联到 HTTP 头部

属性名	值	属性作用
scheme	text	定义用于翻译 content 属性值的格式，用于指定要用来翻译属性值的方案

使用带有 http-equiv 属性的<meta>标签时，服务器将把"名称/值"对添加到发送给浏览器的内容头部，例如：

```
<meta http-equiv="charset" content="iso-8859-1">
<meta http-equiv="expires" content="31 Dec 2008">
```

一个完整的 HTML 页面的 meta 标签的使用案例如下：

```
01  <!DOCTYPE html>
02  <html>
03      <head>
04          <meta charset="GBK">
05          <meta name="data-spm" content="181"/>
06          <title>阿里旅行·去啊：机票预订,酒店查询,客栈民宿,旅游度假,门票签证</title>
07          <meta name="description" content="阿里旅行·去啊是阿里巴巴旗下的综合性旅游出行服务平台。"/>
08          <meta name="keywords" content=" 机票,机票预订,飞机票查询,航班查询,酒店预订,特价酒店,酒店团购,特色客栈,旅游度假,门票,签证,台湾通行证,旅游,旅行,自由行线路,阿里旅行,去啊"/>
09          <meta http-equiv="X-UA-Compatible" content="IE=edge,chrome=1">
10      <meta name="baidu-site-verification" content="3msybWO0gb" />
11      <meta name="360-site-verification" content="4055b6fd1fa7f20118f2076f30703d11" />
12      <meta                               name="google-site-verification"
        content="MhvMJqzxoa0_Qk5RaNmWqPGYFdlDHKr9x6fMz8Sj0ro" />
13          <meta name="sogou_site_verification" content="tl6NirDNqz"/>
14          <meta name="viewport" content="width=device-width" />
15
16      </head>
17      <body>
18
19          <a href="https://github.com/yinqiao/supercss">超实用 CSS 代码段</a>
20          <a href="https://github.com/yinqiao/superhtml">超实用 HTML 代码段</a>
21
22      </body>
23  </html>
```

从以上例子中可以看出，一个页面可以定义多个 meta 标签，每个标签分别通过对应的 name 与 content 属性定义键值对，以定义不同的元信息。

针对无线页面的 meta 定义还可以增加一些特殊属性，例如：

```
01  <!DOCTYPE html>
02  <html>
03      <head>
04          <meta charset="GBK">
05          <meta name="data-spm" content="181"/>
06          <title>阿里旅行·去啊</title>
07          <meta    content="width=device-width,    initial-scale=1.0,    maximum-scale=1.0,
    user-scalable=0" name="viewport">
08          <meta content="yes" name="apple-mobile-web-app-capable">
09          <meta content="black" name="apple-mobile-web-app-status-bar-style">
10          <meta name="format-detection" content="telephone=no">
11          <meta name="baidu-site-verification" content="h3lsegJFba">
12          <style type="text/css"></style>
13      </head>
14      <body>
15
16          <a href="https://github.com/yinqiao/supercss">超实用 CSS 代码段</a>
17          <a href="https://github.com/yinqiao/superhtml">超实用 HTML 代码段</a>
18
19      </body>
20  </html>
```

在上面的代码第 7 行处，可以看出针对无线端应用的页面增加了 viewport 属性的定义，定义窗口宽度以设备宽度为基准，设置初始缩放比例为 1.0。第 8 行代码设定 apple-mobile-web-app-capable 属性的值为 yes，即指定该 Web 页面以全屏模式运行；反之，若将 apple-mobile-web-app-capable 属性值设置为 no，则表示正常显示。第 9 行设定 apple-mobile-web-app-status-bar-style 属性，即设置 Web App 的状态栏（屏幕顶部栏）的样式。

本节重点关注 meta 的语法及使用方式，meta 可设定的属性在后续章节中将进一步详细介绍。

1.6　利用 head 元素定义文档头部

我们可将 HTML 文档分为头部和主体两个重要的部分。其中，文档头部使用 head 元素进行定义。head 元素是所有头部元素的容器。head 中的元素可以设定文档标题、提供元信息、指定样式表，甚至引用脚本等。不过，绝大多数文档头部包含的数据都不会真正作为内容显示给读者。

示例代码：

```
01  <!DOCTYPE html>
02  <html>
03
```

```
04        <head>
05            <meta charset="utf-8">
06            <title>文档标题</title>
07            <style type="text/css"></style>
08            <script type="text/javascript"></script>
09        </head>
10
11        <body>
12            <!-- 这里是文档的内容 -->
13        </body>
14
15    </html>
```

以上示例代码中，第 5 行使用 meta 定义文档编码类型，第 6 行定义文档的标题，第 7 行和第 8 行分别定义样式表与脚本，但是第 6 行和第 7 行都是可选择性定义的内容。

1.7　利用 body 元素定义文档主体

与使用 head 标签定义文档头部类似，文档主体即使用 body 元素进行定义。body 元素定义文档的主体，即用户可以在页面上直接看到的内容，基本包含文档呈现的所有内容，例如文本、超链接、图像、表格和列表等等。

body 可选的属性如表 1.2 所示。

表 1.2　body可选的属性

属性	值	描述
alink	rgb(x,x,x) #xxxxxx colorname	不赞成使用，请使用CSS样式。 规定文档中活动链接（active link）的颜色
background	URL	不赞成使用，请使用CSS样式。规定文档的背景图像
bgcolor	rgb(x,x,x) #xxxxxx colorname	不赞成使用，请使用CSS样式。 规定文档的背景颜色
link	rgb(x,x,x) #xxxxxx colorname	不赞成使用，请使用CSS样式。 规定文档中未访问链接的默认颜色
text	rgb(x,x,x) #xxxxxx colorname	不赞成使用，请使用CSS样式。 规定文档中所有文本的颜色
vlink	rgb(x,x,x) #xxxxxx colorname	不赞成使用，请使用CSS样式。 规定文档中已被访问链接的颜色

为 body 标签添加属性案例如下（不建议使用内联样式）：

```
01  <!DOCTYPE html>
02  <html>
03
04    <head>
05      <meta http-equiv="Content-Type" content="text/html; charset=gb2312" />
06      <meta http-equiv="Content-Language" content="zh-cn" />
07      <title>文档标题</title>
08    </head>
09
10  <body   bgcolor="blue">
11      <h2>背景颜色是蓝色的。</h2>
12  </body>
13
14  </html>
```

从以上示例代码中可以看出，body 元素与 head 元素并列，处于相同的层级，body 可根据需要添加其他 HTML 标签。

1.8 利用 base 元素定义基底网址

URL（Uniform Resource Locator，统一资源定位符），通常称为网页地址。它包含关于文件存储位置和浏览器应如何处理它的信息。互联网上的每一个文件都有唯一的 URL。

在 HTML 文档中，URL 路径分为两种形式：绝对 URL 和相对 URL。

- 绝对 URL：显示文件的完整路径，包括模式、服务器名称、完整路径和文件名本身。
- 相对 URL：相对于当前 HTML 文档所在目录或站点根目录的路径。

HTML 文档通过基底网址，把当前 HTML 文档中所有的相对 URL 转换成绝对 URL。通常，通过基底网址 base 元素设置 HTML 文档的绝对 URL，该元素只能出现在 head 元素中，让文档中的相对 URL 在这个基底网址上进行解析。当浏览器浏览网页时，会通过<base>标记将相对 URL 附在基底网址的后面，从而转化成绝对 URL。

例如：在 HTML 文档<head>中定义基底网址如下：

```
<base href="http://www.broadview.com.cn">
```

在<body>中设定一个相对 URL：

```
<a href="about.aspx">关于我们</a>
```

当使用浏览器浏览该页面时，这个 "<a href="about.aspx">基底网址</a>" 相对 URL 就变成了绝对 URL：http://www.broadview.com.cn/about.aspx。

在<base>标签中，还可以通过 target 属性来告诉浏览器如何打开页面，默认为本窗口打开，常用的 "target="_blank"" 表示在新窗口打开 URL。语法格式：

```
<base href="链接地址" target="新窗口的打开方式">
```

代码如下：

```
01  <!DOCTYPE html>
02  <html>
03      <head>
04          <meta charset="utf-8">
05          <base href="http://www.broadview.com.cn" target="_blank">
06          <title>基底网址标记-base 元素</title>
07      </head>
08      <body>
09          <a href="about.aspx">打开一个相对地址</a>
10      </body>
11  </html>
```

运行程序，鼠标移到链接处，可以看到状态栏中显示出完整的 URL，如图 1.3 所示。

图 1.3　状态栏显示 URL

1.9　定义网页在不同显示媒体下的样式

　　HTML 为网页构建基本结构，定义网页的内容；CSS（Cascading Style Sheet，层叠样式表）则定义网页的外观，为文档元素设置可视化的样式，如尺寸、颜色、背景和边框等等。
style 元素用于包含文档的内嵌样式表。语法格式：

```
<style type="text/css">
...style code...
</style>
```

style 元素有两个常用属性，分别是 type、media。

- type 属性指定样式类型，浏览器支持的样式机制只有 CSS 一种，所有这个属性的值总是 text/css。
- media 属性指定样式适用的媒体，表明文档在什么情况下使用该元素定义的样式。

本例使用了两个 style 元素，有不同的 media 属性值。浏览器在屏幕上显示的是第一个 style 元素中的样式，打印文档的时候用的是第二个元素中的样式。

```
01  <!DOCTYPE html>
02  <html>
03  <head>
04      <meta charset="utf-8">
05      <title>定义 CSS 样式 style 元素</title>
06      <style media="screen" type="text/css">
07          body { background-color: grey; color: yellow; margin: 10px;}
08          span { color: blue;}
09      </style>
10      <style media="print">
11          body { background-color: white; color: black; margin: 10px;}
12          span { color: red;}
13      </style>
14  </head>
15  <body>
16      <p>定义 CSS 样式<span>style 元素</span></p>
17  </body>
18  </html>
```

浏览器显示效果如图 1.4 所示。

图 1.4　不同媒体属性的 CSS

注意：样式信息还通过<link>标签定义外部样式表来指定。通常情况下，都是通过<link>标签来引入的。

1.10　指定外部资源的 link 元素

HTML 文档引用外部样式表时常常使用<link>标签。<link>标签用于定义文档与外部资源的关系，最常见的用途是链接样式表，例如：

```
<link rel="stylesheet" type="text/css" href="../css/reset.css" >
<link rel="stylesheet" type="text/css" href="../css/theme.css" >
```

<link>元素只能存在于<head>标签内部。在 HTML 中，<link>标签没有结束标签，但是可用反斜线来进行闭合，例如：

```
<link rel="stylesheet" type="text/css" href="../css/reset.css" />
<link rel="stylesheet" type="text/css" href="../css/theme.css" />
```

link 可选的属性参见表 1.3。

表 1.3　link可选的属性

属性	值	描述
type	MIME_type，如text/css	规定被链接文档的 MIME 类型
charset	charset	定义被链接文档的字符编码方式
href	URL	定义被链接文档的位置
media	screen tty tv projection handheld print braille aural all	规定被链接文档将显示在什么设备上
rel	alternate定义交替出现的链接 author bookmark书签 chapter作为文档的章节 copyright当前文档的版权 glossary词汇 help链接帮助信息 next记录文档的下一页（浏览器可以提前加载此页） prev记录文档的上一页（定义浏览器的后退键） section作为文档的一部分 start通知搜索引擎文档的开始 stylesheet定义一个外部加载的样式表 subsection作为文档的一小部分 icon licence	定义当前文档与被链接文档之间的关系

续表

属性	值	描述
	search prefetch	
rev	reversed relationship	定义被链接文档与当前文档之间的关系。HTML 5中不支持
target	_blank _parent _self _top framename	定义在何处加载被链接文档
sizes	heightxwidth any	规定被链接资源的尺寸。仅适用于 rel="icon"

<link>标签的 rel 与 rev 这两个标记主要是用于表示文档之间的联系，rel 是从源文档到目标文档的关系，而 rev 是从目标文档到源文档的关系。rel 和 rev 用来指定链接定义中哪一端是源端，哪一端是目的端，两者的属性都是描述链接的基本特征的，即链接类型。

link 元素的使用示例代码如下：

```
01  <!DOCTYPE html>
02  <html>
03  <head>
04      <head>
05      <meta charset="utf-8">
06      <title>百度一下，你就知道 - 1.10</title>
07      <link rel="stylesheet" type="text/css" href="http://su.bdimg.com/static/superplus/css/
super_min_8eec70f2.css">
08      <link rel="stylesheet" type="text/css" href="./index.css">
09      <style type="text/css">
10      body {
11          padding: 20px;
12      }
13      </style>
14  </head>
15
16  <body>
17      <div class="layout">
18          <div id="logo">
19              <img  hidefocus="true"  src="//www.baidu.com/img/bd_logo1.png"  width=
"270" height="129">
20          </div>
21      </div>
22  </body>
23
```

```
24    </html>
```

以上代码第 7 行引用了一个外部样式表，使用该样式表的 URL 地址作为 link 元素的 src 属性值，而第 8 行也是引用了一个外部样式表，采用相对路径的样式表。

浏览器显示效果如图 1.5 所示。

图 1.5   link 元素使用效果

1.11   添加网站 Logo

Logo 是一个网站的标志，Logo 可以体现企业的形象和宗旨等。Logo 还是一个品牌的代表，百度、Google 的 Logo 便是品牌的一个体现。浏览某些网站时会发现它们在地址栏前显示出非常好看的地址栏图标，这些图标一般是该网站的标志性图标，例如百度地址栏前的 Logo 如图 1.6 所示。

给网站添加 Logo，方法有很多种，例如可以直接在站点根目录下放入名为"favicon.ico"的图标文件。但是需要注意的是，必须为 ICO 格式的图标文件，JPEG、PNG 等其他格式的图片文件是不能生效的。当然，图标文件名不一定非得是 favicon，可以将它改成与网站域名同名，如网站域名为 alitrip.com 的可将其改成 alitrip.ico，同样有效。不过，这两种命名方式只能选择一种，不可以同时用。

本节我们需要讨论的是，如何通过 HTML 元素为网站添加 Logo。上一节中，我们讨论了 <link> 元素，细心的读者就会发现，其中 rel 属性有一个取值为 icon，没错，就是它。具体实现代码如下：

```
<link rel="shortcut icon" href="http://g.tbcdn.cn/trip/tools/img/favicon.ico" type="image/x-icon"/>
```

其中 href 即图标地址，可以是相对路径，也可以是绝对路径，这句代码需放置在 <head>...</head> 区域之间。

图 1.6 百度地址栏前的 Logo

1.12 预先获取资源 Link Prefetch

预先获取资源类等同于页面资源预加载（Link prefetch），这是浏览器提供的一个技巧，目的是让浏览器在空闲时间下载或预读取一些文档资源，用户可以在后续操作中访问这些资源。一个 Web 页面可以对浏览器设置一系列的预加载指示，当浏览器加载完当前页面后，它会在后台静悄悄地加载指定的文档，并把它们存储在缓存里。当用户访问到这些预加载的文档后，浏览器能快速地从缓存里提取给用户。简单说来，就是让浏览器预先加载用户访问当前页后极有可能访问的其他资源，如页面、图片、视频等。

什么情况下应该预加载页面资源呢？在页面里加载什么样的资源，什么时候加载，这完全取决于你期望给用户带来什么样的体验。为了提升用户体验，建议当页面有幻灯片等交互效果时，预加载/预读取接下来的 1-3 页和之前的 1-3 页；预加载整个网站通用的图片，例如通用的使用 css sprite 后的图片。

在 1.10 节中，我们讨论了<link>元素的 rel 属性，可取值有一项是 prefetch，即预先获取资源，利用改属性取值，即可达到本节的目的。示例代码：

```
<!-- 预加载整个页面 -->
<link rel="prefetch" href="http://www.alitrip.com/>
<!-- 预加载一个图片 -->
<link rel="prefetch" href=" http://gtms03.alicdn.com/tps/i3/TB1OUQzGVXXXXXRapXX1aygHFXX-
    702-442.png " />
```

该 HTML 5 页面资源预加载/预读取（Link prefetch）功能是通过 link 标记实现的，将 rel 属性指定为 prefetch，在 href 属性里指定要加载资源的地址。Firefox 浏览器里还提供了一种额外的属性支持：

```
<link rel="prefetch alternate stylesheet"
title="Designed for Mozilla" href="mozspecific.css" />
<link rel="next" href="2.html" />
```

注意：预加载（Link prefetch）不能跨域工作，包括跨域 Cookies。并且预加载（Link prefetch）有可能导致网站访问量统计不准确，因为有些预加载到浏览器的页面用户可能并未真正访问。

虽然预加载（Link prefetch）略有缺憾，但是为了提升用户体验，仍然很值得尝试。

1.13 利用 script 元素定义客户端脚本

HTML 使用<script> 标签用于定义客户端脚本。通过 script 元素既可以创建脚本语句，又可以通过其 src 属性指向外部脚本文件。

script 元素有 3 个常用属性，分别是 type、src、charset。

- type 属性指定脚本的 MIME 类型，对于 JavaScript，其 MIME 类型是 text/ javascript。
- src 属性用以指定外部脚本文件的 URL。
- charset 属性用以规定在外部脚本文件中使用的字符编码。如果外部文件中的字符编码与主文件中的编码方式不同，就要用到 charset 属性。

script 元素既可防止在<head>元素中，又可以防止在<body>元素中。在文档的<head>元素中包含所有 JavaScript 文件，意味着必须等到全部 JavaScript 代码都被下载、解析和执行完成以后，才能开始呈现页面的内容（浏览器在遇到<body>标签时才开始呈现内容）。对于那些需要很多 JavaScript 代码的页面来说，这无疑会导致浏览器在呈现页面时出现明显的延迟，而延迟期间的浏览器窗口将是一片空白。为了避免这个问题，一般都会把全部 JavaScript 引用放在<body>元素中，放在页面的内容后面。

1.14 添加注释

我们经常要在一些代码旁做一些 HTML 注释，便于查找、比对，便于别人阅读你的代码，而且可以方便后续对自己代码的理解与修改等维护。因此，注释是必不可少的。HTML 注释标签的语法如下：

```
<!—这里是注释内容，可以是单行、多行注释。注释不会在浏览器中显示。  -->
```

除了普通 HTML 注释之外，还有条件注释。IE 条件注释是一种特殊的 HTML 注释，这种注释只有 IE 5.0 及以上版本才能理解。

```
<!--[if IE]>这里是只有 IE 可读的 IE 条件注释。  <![endif]-->
```

通过"比较操作符"可以更灵活地对 IE 版本进行控制，用法是在 IE 前面加上"比较操作符"。合法的操作符如下所述。

- lte：即 Less than or equal to 的简写，也就是小于或等于的意思。
- lt：即 Less than 的简写，也就是小于的意思。
- gte：即 Greater than or equal to 的简写，也就是大于或等于的意思。
- gt：即 Greater than 的简写，也就是大于的意思。
- !：即不等于的意思，跟 JavaScript 里的不等于判断符相同

示例代码如下：

```
<!-[if gt IE 5.5]> / 如果 IE 版本大于 5.5 /
<!-[if lte IE 6]> / 如果 IE 版本小于等于 6 /
<!-[if !IE]> / 如果浏览器不是 IE /
```

以下是一个阿里旅行·去啊较通用的一个较为完整地使用条件注释的实例，示例代码如下：

```
01   <!DOCTYPE html>
02   <!--[if lt IE 7]><html class="no-js ie ie6 lte9 lte8 lte7"><![endif]-->
03   <!--[if IE 7]><html class="no-js ie ie7 lte9 lte8 lte7"><![endif]-->
04   <!--[if IE 8]><html class="no-js ie ie8 lte9 lte8"><![endif]-->
05   <!--[if IE 9]><html class="no-js ie ie9 lte9"><![endif]-->
06   <!--[if gt IE 9]><html class="no-js"><![endif]-->
07   <!--[if !IE]><!--><html><!--<![endif]-->
08   <head>
09      <head>
10          <meta charset="GBK">
11          <title>阿里旅行·去啊</title>
12          <meta name="description" content="阿里旅行·去啊是阿里巴巴旗下的综合性旅游出
     行服务平台。"/>
13          <meta name="keywords" content="机票,机票预订,阿里旅行,去啊"/>
14
15          <style type="text/css">
16          .ie6 body{
17              background-color: red;
18          }
19          .ie7 body{
20              background-color: yellow;
21          }
22          .ie8 body{
23              background-color: blue;
24          }
25          .ie9 body{
```

```
26              background-color: green;
27           }
28         </style>
29
30     </head>
31     <body>
32
33         <a href="https://github.com/yinqiao/supercss">超实用 CSS 代码段</a>
34         <a href="https://github.com/yinqiao/superhtml">超实用 HTML 代码段</a>
35
36     </body>
37 </html>
```

以上示例代码中，第 2~7 行通过条件注释的方法，针对 IE 浏览器的不同版本分别对 <html>标签输出不同的类名，产生全局的类名命名空间，使得页面后续的编码工作可以基于该类名以区分不同的 IE 版本进行 hack，而不需要再在各个功能再做条件判断。当你的应用所面向的用户来自各个版本的 IE 浏览器所占比例较高或难以割舍的情况下，需要进行低版本的浏览器适配工作，常常使用到条件注释。本书作者建议培养用户向高级浏览器迁移，以便享受更加优雅的用户体验。

1.15　载入外部脚本库

使用 script 元素的 src 属性可以加载外部脚本。本例使用了两个 script 元素，分别加载外部 jQuery 文件和内联 JavaScript 脚本。

```
01 <!DOCTYPE html>
02 <html>
03 <head>
04     <meta charset="utf-8">
05     <title>定义内部和外部 JavaScript 脚本</title>
06 </head>
07 <body>
08     <div> …content here… </div>
09 <script type="text/javascript" src="http://libs.baidu.com/jquery/1.9.0/jquery.js"></script>
10 <script type="text/javascript">
11     $(function(){
12         // 文档就绪
13         document.write("Hello World!")
14     });
15 </script>
16 </body>
```

```
17    </html>
```

以上代码第 9 行引入一个外部 jQuery 的脚本库，采用 URL 地址进行引入。第 10~15 行，定义一段内嵌脚本，等待文档就绪后向页面写入"Hello World!"字样。

浏览器显示效果如图 1.7 所示。

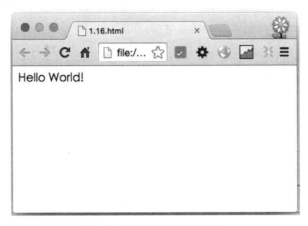

图 1.7 载入外部脚本效果图

注意： 无论引用几个外部 JavaScript 文件，浏览器都会按照<script>元素在页面中出现的先后顺序对它们依次进行解析。换句话说，在第一个<script>元素包含的代码解析完成后，第二个<script>包含的代码才会被解析。

1.16 延迟脚本执行

为了防止 JavaScript 脚本阻止浏览器进程，我们往往需要等整个页面加载后再加载 JavaScript 脚本。常用的方法可以将<script>标签放置在 body 内所有节点之后。如 1.15 节所示代码中展示的，第 9~15 行的脚本在 body 的所有 content 之后，使得浏览器在加载文档的其他节点时，不会由于遇到 script 元素而需等待加载或等待脚本执行。

使用 JavaScript 可以实现代码的延时执行，也就是说当一个函数被调用时不立即执行某些代码，而是等一段指定的时间后再执行。延迟 JavaScript 脚本执行，可以使用 setTimeout 这个函数。setTimeout()方法用于在指定的毫秒数后调用函数或计算表达式，示例代码如下：

```
01    <html>
02    <!DOCTYPE html>
03    <html>
04        <head>
05        <title>延迟脚本执行</title>
06        </head>
07        <body>
08            <form>
```

```
09              <input type="button" value="显示计时的消息框！" onClick = "timedMsg()">
10          </form>
11          <p>点击上面的按钮。5 秒后会显示一个消息框。</p>
12      <script type="text/javascript">
13          function timedMsg()
14          {
15          var t=setTimeout("alert('5 seconds!')",5000)
16          }
17          </script>
18      </body>
19
20 </html>
```

注意：setTimeout()只执行 code 一次。如果要多次调用，请使用 setInterval()或者让 code 自身再次调用 setTimeout()。

1.17　异步执行脚本

由于 JavaScript 语言的执行环境是"单线程"（single thread）的，即一次只能完成一件任务，如果有多个任务时就必须排队，前面一个任务完成，再执行后面的一个任务。因此，如果队伍很长，就会出现等待时间过长的现象。为了解决这个问题，JavaScript 语言将任务的执行模式分成两种：同步（Synchronous）和异步（Asynchronous）。

广义上讲，JavaScript 异步执行脚本实际效果就是延时执行脚本。严格来说，JavaScript 中的异步编程能力都是由 BOM 与 DOM 提供的，如 setTimeout、XMLHttpRequest，还有 DOM 的事件机制，还有 HTML 5 新增加的 webwork、postMessage 等。这些方法都有一个共同的特点，就是都有一个回调函数，便于实现控制。

实现异步模式执行脚本有 4 种方法，分别是使用回调函数、事件监听、观察者模式、Promise 对象。

回调函数是异步编程最基本的方法。前文提到的 setTimeout、XMLHttpRequest、webwork、postMessage 等方法，都有一个回调函数，都可归属于使用回调函数实现异步编程的方法。

例如，使用 setTimeout 方法实现异步编程的示例代码如下：

```
01 <!DOCTYPE html>
02 <html>
03      <head>
04      </head>
05
06      <body>
07          <script type="text/javascript">
```

```
08          function f2(){
09              alert("这是回调函数 f2");
10          }
11          function f1(callback){
12              setTimeout(function ()
13          { // f1 的任务代码
14                  callback();
15 }, 1000);
16 // 主要逻辑 code
17          }
18          f1(f2);
19          </script>
20      </body>
21
22 </html>
```

以上示例代码中，f1 函数内部的 callback() 不会阻塞主题逻辑代码的执行，化同步逻辑为异步逻辑。

可以看出，回调函数简单、容易理解和部署。但是，回调函数的缺点是不利于代码的阅读和维护，各个部分之间高度耦合，流程会很混乱，而且每个任务只能指定一个回调函数。因此，需要了解其他模式的异步编程思想。

第二种异步脚本执行的方法是基于事件监听的方法。基于事件监听的异步脚本执行的思路是基于事件的触发，而不依赖脚本的顺序。示例代码如下：

```
01 <!DOCTYPE html>
02 <html>
03 <head>
04      <title>第 1 章</title>
05 </head>
06 <body>
07 <script src="http://g.alicdn.com/??kissy/k/1.4.14/seed-min.js"></script>
08 <script type="text/javascript">
09 KISSY.use('node, event, base',function (S, Node, Event, Base) {
10      "use strict";
11      var EMPTY = '';
12      var $ = Node.all;
13      var loadBase = Base.extend({
14
15          initializer: function () {
16              var self = this;
17              self.f1();
18          },
19
```

```
20          f1: function (){
21              var self = this;
22              console.log("这是函数 f1");
23              setTimeout(function(){
24                  self.fire('done');
25              }, 1000);
26          },
27
28          f2: function (){
29              console.log("这是回调函数 f2");
30          }
31      });
32
33      var loadbase1 = new loadBase();
34      loadbase1.on('done', function (){
35          loadbase1.f2();
36      });
37
38  });
39  </script>
40  </body>
41  </html>
```

其中，代码第 34 行使用 on 方法用于事件绑定，代码第 24 行使用 fire 方法用于触发事件。f1.fire('done')表示立即触发 done 事件，从而触发第 34 行已绑定的事件回调，即第 35 行代码中 f2 开始执行。

事件监听使得程序进度基于事件的编程逻辑。

第三种观察者模式的异步脚本执行的方法的示例代码如下：

```
01  <!DOCTYPE html>
02  <html>
03      <head>
04  </head>
05  <body>
06      <script src="http://g.alicdn.com/kissy/k/1.4.0/seed-min.js"></script>
07      <script type="text/javascript">
08          KISSY.use("event", function(S, Event) {
09              function Custom(id){
10                  this.id = id;
11                  this.publish("run",{
12                      bubbles:1
13                  });
14              }
```

```
15
16            S.augment(Custom, Event.Target);
17
18            var f1 = new Custom("f1");
19
20            var f2 = new Custom("f2");
21
22            f1.addTarget(f2);
23
24            f2.on("run",function(e){
25                console.log(e.target.id +" fires event run"); // => c1 fires event run
26            });
27
28            f1.fire("run");
29        });
30    </script>
31 </body>
32 </html>
```

其中，代码第 22 行 addTarget 方法用于事件订阅，代码第 28 行 fire 方法用于触发事件。f1.fire ('run')表示立即发布 run 消息。

这种方法的性质与事件监听类似，但是可以通过查看"消息中心"，了解存在多少信号、每个信号有多少订阅者，从而监控程序的运行。

最后一种是使用 Promises 对象的方法。Promises 对象是 CommonJS 工作组提出的一种规范，目的是为异步编程提供统一接口。示例代码如下：

```
01 <!DOCTYPE html>
02 <html>
03    <head>
04        <title>第 1 章</title>
05    </head>
06
07    <body>
08        <script src="http://g.alicdn.com/kissy/k/1.4.0/seed-min.js"></script>
09        <script type="text/javascript">
10        KISSY.use('promise', function (S, Promise){
11            function getItem (){
12                var d = new Promise.Defer();
13                var promise = d.promise;
14                var data = {
15                    id: "2015-06-06"
16                };
17                d.resolve(data);
```

```
18                    return promise;
19                }
20                var promiseTasks = getItem();
21                promiseTasks.then(function (res){
22                    console.log(res)
23                });
24            })
25        </script>
26    </body>
27
28 </html>
```

Promise 的优点在于，回调函数变成了链式写法，程序的流程较为清晰，而且有一整套的配套方法，可以实现许多强大的功能。例如 f1().then(f2).fail(f3); 就是在指定发生错误时的回调函数。

1.18 利用 noscript 元素实现脚本的替代内容

noscript 元素用来定义在脚本未被执行时的替代内容（文本），如果浏览器支持脚本，那么它不会显示出 noscript 元素中的文本。此标签可被用于可识别 <script>标签、但无法支持其中的脚本的浏览器。

```
01 <!DOCTYPE html>
02 <html>
03     <body>
04
05         <script type="text/javascript">
06             document.write("Hello World!")
07         </script>
08         <noscript>抱歉，您的浏览器不支持 JavaScript!</noscript>
09
10         <p>不支持 JavaScript 的浏览器将显示 noscript 元素中的文本。</p>
11
12     </body>
13 </html>
```

两种浏览器显示效果分别如图 1.8 和图 1.9 所示。

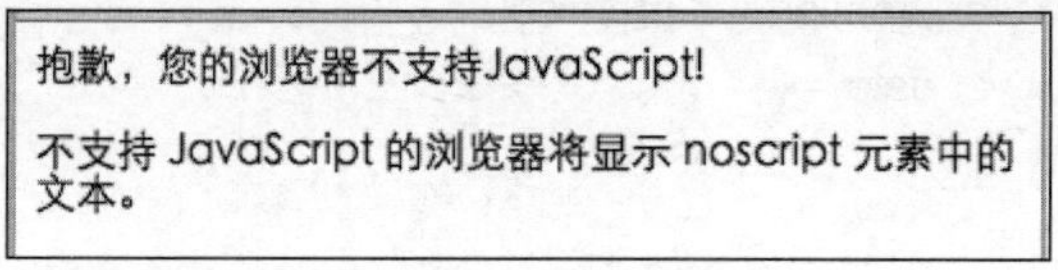

图 1.8　不支持 JavaScript 浏览器显示效果

图 1.9　支持 JavaScript 浏览器显示效果

1.19　HTML 属性

　　HTML 属性一般都出现在 HTML 标签中，HTML 属性是 HTML 标签的一部分。标签可以有属性，每个属性都包含了额外的信息。属性的值一定要在双引号中。标签可以拥有多个属性，属性由属性名和值成对出现。

　　HTML 属性语法如下：

```
<标签名 属性名 1="属性值" 属性名 2="属性值" ... 属性名 N="属性值"></标签名>
```

　　示例代码如下：

```
<a  href="http://www.alitrip.com/"  title="阿里旅行·去啊：机票预订,酒店查询,客栈民宿,旅游度假,
门票签证" target="_blank">阿里旅行·去啊</a>
```

　　标签<a>是超链接标签，使用 href 属性定义链接指向的页面的 URL。

1.20　为元素指定类或 ID 名称

　　HTML 文档的主体部分可以定义众多的标签，除了标签名本身之外，还可以通过 ID、类等属性对所定义引用的 HTML 标签进行定义，以便区分，便于定义样式与 JavaScript 脚本的查找引用。

　　通过 HTML 属性，可以为指定的元素设定类或者 ID 名称的示例代码如下：

```
01  <!DOCTYPE html>
02  <html>
03      <head>
04          <style type="text/css">
05              #red {
```

```
06              color: red;
07          }
08          #green {
09              color: green;
10          }
11          .blue {
12              color: blue;
13          }
14          </style>
15      </head>
16      <body>
17
18          <p id="red">超实用 CSS 代码段</p>
19          <p id="green">超实用 HTML 代码段</p>
20          <div class="blue">
21              为元素定义类属性。
22          </div>
23
24      </body>
25  </html>
```

以上代码的主体部分定义了两个 p 元素和一个 div 元素，并分别通过 id 属性、class 属性定义了名称。同时，文档头部通过 ID 选择器和类选择器，为这些元素定义了样式。

浏览器显示效果如图 1.10 所示。

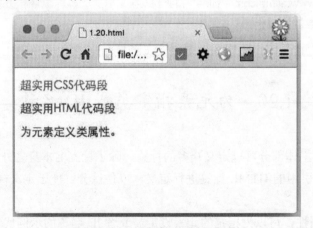

图 1.10　为元素指定类或 ID 名称

注意：HTML 标签的 ID 属性值必须唯一，否则 CSS 对同一个页面中具有相同 ID 的标签，都会应用样式，但是如果有相同的 ID，JavaScript 只会取第一个具有该 ID 的标签。

1.21 为元素添加 title 属性

细心的读者在 1.19 节中就会发现，我们在<a>标签上添加了 title 属性。title 属性的作用是什么呢？

title 属性通常用于为图像、链接或按钮增加描述性的文字，提供额外的信息（HTML 中的多数标签都具有 title 属性），例如可以通过 title 属性详细介绍要链接到的页面的内容。

title 属性可以使用在除了 base、basefont、head、html、meta、param、script、title 之外的所有标签中，例如：

```
<a href="http://www.alitrip.com/" title="阿里旅行·去啊：机票预订,酒店查询,客栈民宿,旅游度假,
    门票签证" target="_blank"><img src="http://g.tbcdn.cn/tpi/header-footer/1.1.2/img/logo.svg"
    alt="alert 对话框" title="alert 对话框图示" /></a>
```

title 属性并不是必需的，只是为标签增加额外的描述性文字。当为 HTML 标签定义 title 属性时，多数浏览器会将 title 属性的值作为悬浮的提示信息显示。鼠标移动到目标元素之上，即可显示悬浮提示文字。

一些可以发音的浏览器可以说出"title"里的内容，这对于盲人阅读起来是非常便利的，因此，在没有其他影响的情况下，建议使用 title 属性。

第 2 章 头部 meta 元素

meta 是 meta-information（元信息）的缩写。meta 元素可提供有关页面的元信息，例如针对搜索引擎和更新频度的描述和关键词。meta 的定义有两种方式：第一种是<meta name="name" content="content">，这种形式可以设定传递给浏览器和搜索引擎的元信息；第二种是<meta http-equiv="name" content="content">，这种形式类似于 HTTP 的头部协议，它传递给浏览器一些有用的信息，以帮助浏览器正确和精确地显示网页内容。

在第 1.5 节中，我们简要介绍了 meta 的作用及其使用方法，meta 可以定义 HTML 文档所需使用到的元信息。本章将进一步详细介绍常用的 meta 元信息的作用、定义方式，以及使用场景，并针对具体案例进行说明。

本章主要涉及的知识点：

- 定义页面关键字
- 设置页面描述
- 强制打开新窗口
- 编辑工具
- 设定作者信息
- 限制搜索方式
- 网页语言与文字
- 定时跳转页面
- 设定网页缓存过期时间
- 禁止从缓存中调用
- 删除过期的 cookie
- 设置网页的过渡效果

2.1 定义页面关键字

在搜索引擎中，检索信息都是通过输入关键字来实现的。网站关键字就是一个网站给首页设定的以便用户通过搜索引擎能搜到本网站的词汇，是整个网站登录过程中最基本也是最重要的一步，是进行网页优化的基础。关键字在浏览时是看不到的，它可以供搜索引擎使用。当用关键字搜索网站时，如果网页中包含该关键字，就可以在搜索结果中列出来。

如何在 HTML 文档中定义最佳关键字供搜索引擎使用呢？关键字可以通过 meta 标签来定义，其基本语法如下：

```
<meta name="keywords" content="输入具体的关键字">
```

页面关键字的定义方式与 meta 的标准格式一致，遵循以 name、content 属性来定义键值对的规则。name 为属性名称，这里是 keywords，也就是设置网页的关键字属性，keywords 提供的网页关键词通常是为搜索引擎分类网页使用的，而在 content 中则定义具体的关键字。

示例代码：

```
01  <!DOCTYPE html>
02  <html>
03  <head>
04      <meta charset="GBK">
05      <title>阿里旅行·去啊：机票预订,酒店查询,客栈民宿,旅游度假,门票签证</title>
06      <meta name="keywords"  content="机票,机票预订,飞机票查询,航班查询,酒店预订,特价
    酒店,酒店团购,特色客栈,旅游度假,门票,签证,台湾通行证,旅游,旅行,自由行线路,阿里旅行,去啊
    ">
07  </head>
08  <body>
09  </body>
10  </html>
```

在以上代码中，第 6 行为插入关键字。从代码可以看出，同一个 HTML 文档，可以定义多个关键字，多个关键字使用逗号分开。keywords 提供的网页关键字通常是为搜索引擎分类网页使用的，浏览器不会直接显示给用户。通常来说，建议不要给网页定义与网页描述内容无关的关键词，网站关键字最好控制在 10 个词之内，过多的关键词，搜索引擎将忽略。

2.2　设置页面描述

与设置页面关键字类似，我们也可以通过 meta 元素来进行设置描述网页的主要内容、主题等的页面描述，合理地设置页面描述也有助于提高被搜索引擎搜索到的概率。

设置页面描述的语法与设置关键字相似：

```
<meta name="description" content="输入具体的页面描述">
```

name 属性取值为 description，用于定义网页简短描述，content 属性提供网页的简短描述。

示例代码：

```
01  <!DOCTYPE html>
```

```
02   <html>
03   <head>
04       <meta charset="GBK">
05       <title>阿里旅行·去啊：机票预订,酒店查询,客栈民宿,旅游度假,门票签证</title>
06       <meta name="description" content="阿里旅行·去啊是阿里巴巴旗下的综合性旅游出行服
     务平台。阿里旅行·去啊整合数千家机票代理商、航空公司、旅行社、旅行代理商资源，直签
     酒店，客栈卖家等为广大旅游者提供特价机票，酒店预订，客栈查询，国内外度假信息，门票
     购买，签证代理，旅游卡券，租车，邮轮等旅游产品的信息搜索，购买及售后服务。全程采用
     支付宝担保交易，安全、可靠、有保证。"/>
07       <meta name="keywords" content="机票,机票预订,飞机票查询,航班查询,酒店预订,特价酒
     店,酒店团购,特色客栈,旅游度假,门票,签证,台湾通行证,旅游,旅行,自由行线路,阿里旅行,去啊">
08   </head>
09   <body>
10   </body>
11   </html>
```

在以上代码中，第 6 行定义页面描述。需要注意的是，description 提供的网页简短描述通常是为搜索引擎描述网页使用的，浏览器不会直接显示给用户。网页简短描述不能太长，应该保持在 140~200 个字符或者 100 个左右的汉字；不要给网页定义与网页描述内容无关的简短描述。

2.3　设定作者信息

如果你是在写一篇好文章，可以为文章署上自己的名字。如果你是在创作一幅精美的油画，完结时仍然可以在卷末优雅地签名或者盖上专属印章。那么，HTML 文档能否签名呢？使用 meta 元素，我们可以为 HTML 文档设定网站作者的名称。其语法如下：

```
<meta name="Author" content="mmkguanli">
```

将 meta 元素的属性名设置为 author，content 属性值即为具体的作者信息。
示例代码：

```
01   <!DOCTYPE html>
02   <html lang="zh-CN">
03   <head>
04       <meta charset="UTF-8">
05       <meta content="width=device-width, initial-scale=1.0, maximum-scale=1.0, user-scalable=0"
     name="viewport" />
06       <meta content="yes" name="apple-mobile-web-app-capable" />
07       <meta content="black" name="apple-mobile-web-app-status-bar-style" />
08       <meta name="format-detection" content="telephone=no" />
09       <meta name="author" content="前端技术社区" />
```

```
10      <title>F2E - 前端技术社区</title>
11      <script type="text/javascript" src="/static/js/base/jquery-1.8.3.min.js"></script>
12      <script type="text/javascript" src="/static/js/base/bootstrap.min.js"></script>
13      <script type="text/javascript" src="/static/js/base/in-min.js"></script>
14      <link rel="stylesheet" href="/static/css/bootstrap/bootstrap.min.css" />
15      <link rel="stylesheet" href="/static/css/main.css?t=20130807001.css" />
16      <style type="text/css">
17          .totop a {
18              display: block;
19              width: 40px;
20              height: 35px;
21              background: url('/static/images/totop.gif') no-repeat;
22              text-indent: -9999px;
23              text-decoration: none;
24          }
25
26          .totop a:hover {
27              background-position: 0 -35px;
28          }
29      </style>
30      </head>
31  <body>
32      content here ...
33  <body>
34  </body>
35  </html>
```

本段代码来自于活跃度较高的 F2E 前端技术社区，注意到第 4~9 行均为 meta 信息的设定，第 9 行为作者信息的设定。用户在浏览器浏览页面内容时，并不能直接看到作者信息，因此这里就不给出浏览器效果图了。

2.4　限制搜索方式

搜索引擎的定期搜索方式，就是每隔一段时间，搜索引擎主动对一定 IP 地址范围内的互联网网站进行检索，一旦发现新的网站，它会自动提取网站的信息和网址加入自己的数据库。搜索引擎的搜索机器人，沿着网页上的链接（如 http 和 src 链接），不断地检索资料建立自己的数据库。有没有办法限制自己的网站不被搜索引擎的搜索机器人设定为检索目标呢？

答案是肯定的。通过 meta 标签可以限制部分内容不被搜索引擎检测到，降低部分信息的公开性。设置方法如下：

```
<meta name="robots" content=" noindex, nofollow ">
```

设置 meta 属性 name 值为 robots，属性 content 可取值有 index、noindex、follow、nofollow 等。index 为允许搜索引擎索引此网页、noindex 设置为搜索引擎不索引此网页、follow 为允许搜索引擎继续通过此网页的链接索引搜索其他的网页、nofollow 为搜索引擎不继续通过此网页的链接索引搜索其他的网页。根据排列组合，有 4 种组合。index 和 follow 组合也可写为 all，noindex 和 nofollow 等价于 none。

示例 1：

```
<meta name="robots" content="noindex" />
```

示例 1 的 content 属性值为 noindex，定义了此网页不被搜索引擎索引进数据库，但搜索引擎可以通过此网页的链接继续索引其他网页。

示例 2：

```
<meta name="robots" content="nofollow" />
```

示例 2 的 content 属性值为 nofollow，定义了允许此网页被搜索引擎索引进数据库，但搜索引擎不可以通过此网页的链接继续索引其他网页。nofollow 为网站管理员提供了一种方式，即告诉搜索引擎不要追踪此网页上的链接或不要追踪此特定链接。对于大型的可供访问者任意发布信息的网站来说，添加这样的标签可以防止浏览者恶意添加导出链接，从而避免因降低网站权重被搜索引擎降权或惩罚。

示例 3：

```
<meta name="robots" content="none" />
```

示例 3 的 content 属性值为 none，定义了此网页不被搜索引擎索引进数据库，且搜索引擎不可以通过此网页的链接继续索引其他网页

如果网页没有提供 robots，搜索引擎认为网页的 robots 属性为 all(index，follow)。

完整的 HTML 文档如下：

```
01  <!DOCTYPE html>
02  <html lang="zh-CN">
03  <head>
04      <meta charset="UTF-8">
05      <meta name="robots" content="noindex">
06      <meta content="width=device-width, initial-scale=1.0, maximum-scale=1.0, user-scalable=0"
    name="viewport" />
07      <meta content="yes" name="apple-mobile-web-app-capable" />
08      <meta content="black" name="apple-mobile-web-app-status-bar-style" />
09      <meta name="format-detection" content="telephone=no" />
10      <title>2.10</title>
11      </head>
12  <body>
```

```
13      content here ...
14 <body>
15 </body>
16 </html>
```

遵循 meta 语法，限制搜索方式的 meta 定义在 head 元素之内。上述代码中第 5 行，即示例 1 的代码，定义了此网页不被搜索引擎索引进数据库，但搜索引擎可以通过此网页的链接继续索引其他网页。

2.5　网页语言与文字

通过 meta 可设定页面使用的字符集，用以说明页面所使用的文字使用语言，浏览器会根据此来调用相应的字符集显示页面内容，同时搜索引擎知道该页面使用的是什么语言，对浏览器和搜索引擎都有帮助。字符集是一组具有共同特征抽象字符的集合，例如常见的字符集有英文字符集、ISO8859、CJK、繁体字字符集、简体字字符集、日文汉字字符集、日文假名字符集。

例如：

```
<meta http-equiv="content-language" content="zh-CN" />
```

将 meta 的 http-equiv 属性取值为 content-language，用以标识页面语言。content 取值为具体的定义页面所使用的语言代码。content-language 为 http-equiv 属性的值，使用 content 属性表示页面的语言以及国家代码，语法格式为：

```
primary-code - subcode
```

其中 primary-code 为语言代码，subcode 为国家代码。例如 zh-CN 即中文-中国。

示例 1：

```
<meta http-equiv="content-language" content="en" />
```

示例 2：

```
<meta http-equiv="content-language" content="en-US" />
```

language-code 为 en 时，代表 English，而 language-code 为 en-US 时，代表 the U.S. version of English 美国版本的英文。

primary-code 为两个字母组成常用的有：

- zh（Chinese）中国
- fr（French）法国
- de（German）德国
- it（Italian）意大利

- nl（Dutch）荷兰
- el（Greek）希腊
- es（Spanish）西班牙
- pt（Portuguese）葡萄牙
- ar（Arabic）阿拉伯
- ru（Russian）俄罗斯
- ja（Japanese）日本

此外，通过 Content Type 可以用于定义文件的类型和网页的编码。编码是字符和二进制内码的对应码表，例如常见的编码类型有 ASCII、ISO8859-1、GB2312、GBK、UTF-8、UTF-16 等。

示例 3：

```
<meta http-equiv="Content-Type" content="text/html; charset=gb2312"/>
```

同一种字符集可以有不同的编码实现，同一种编码也可以实现多个字符集。

示例代码：

```
01  <!DOCTYPE html>
02  <html>
03  <head>
04      <meta charset="UTF-8">
05      <meta http-equiv="content-language" content="zh-CN" />
06      <meta http-equiv="Content-Type" content="text/html; charset=utf-8"/>
07      <meta content="width=device-width, initial-scale=1.0, maximum-scale=1.0, user-scalable=0" name="viewport" />
08      <meta content="yes" name="apple-mobile-web-app-capable" />
09      <meta content="black" name="apple-mobile-web-app-status-bar-style" />
10      <meta name="format-detection" content="telephone=no" />
11      <title>2.5</title>
12      </head>
13  <body>
14      content here ...
15  <body>
16  </body>
17  </html>
```

2.6 定时跳转页面

设定页面定时调整不一定要通过 JavaScript 脚本代码来实现，也可以通过 meta 标签来实现。例如自动跳转到其他页面，可以设定 10 秒后跳转到指定的 URL：

```
<meta http-equiv="Refresh" content="10;URL=https://github.com/yinqiao/superhtml">
```

设置 meta 的 name 取值为 refresh，即刷新与跳转（重定向）页面。refresh 用于刷新与跳转(重定向)页面。refresh 为 http-equiv 属性的值，使用 content 属性表示刷新或跳转的开始时间与跳转的网址，本例中，引导到本书在 Github 上的地址：https://github.com/yinqiao/superhtml。

refresh 也可设置刷新本页面的功能，例如设置 5 秒之后刷新本页面：

```
<meta http-equiv="refresh" content="5" />
```

完整的示例代码如下：

```
01  <!DOCTYPE html>
02  <html>
03  <head>
04      <meta charset="UTF-8">
05      <meta http-equiv="refresh" content="5" />
06      <meta content="width=device-width, initial-scale=1.0, maximum-scale=1.0, user-scalable=0"
    name="viewport" />
07      <meta content="yes" name="apple-mobile-web-app-capable" />
08      <meta content="black" name="apple-mobile-web-app-status-bar-style" />
09      <meta name="format-detection" content="telephone=no" />
10      <title>2.6</title>
11      </head>
12  <body>
13      content here ...
14  <body>
15  </body>
16  </html>
```

2.7 设定网页缓存过期时间

通过 meta 可以设置网页缓存过期时间，语法格式如下：

```
<meta http-equiv="expires" content="这里是具体的时间值" />
```

将 meta 元素的 http-equiv 取值为 expires 属性值，即设置网页缓存过期时间。expires 为 http-equiv 属性的值，并使用 content 属性表示页面缓存的过期时间。

具体作用是 expires 用于设定网页的过期时间，一旦过期就必须从服务器上重新加载，时间必须使用 GMT 格式。

示例代码：

```
01  <!DOCTYPE html>
```

```
02  <html>
03  <head>
04      <meta charset="UTF-8">
05      <meta http-equiv="expires" content="Sunday 26 October 2015 01:00 GMT" />
06      <meta content="width=device-width, initial-scale=1.0, maximum-scale=1.0, user-scalable=0"
    name="viewport" />
07      <meta content="yes" name="apple-mobile-web-app-capable" />
08      <meta content="black" name="apple-mobile-web-app-status-bar-style" />
09      <meta name="format-detection" content="telephone=no" />
10      <title>2.7</title>
11      </head>
12  <body>
13      content here ...
14  <body>
15  </body>
16  </html>
```

以上代码第 5 行设定了网页缓存过期时间为 2015 年 10 月 26 日上午 1 点整,一旦超过该时间,缓存里的关于此网页的内容将过期而无法使用。如果指定过去的时间,则此网页无法使用缓存。

2.8 禁止从缓存中调用

有时为了提高用户访问网页的速度,浏览器会缓存用户浏览过的页面,这样用户刷新页面时,可从缓存中读取页面数据,避免再次从服务器读取数据所需耗费的时间,以提高页面呈现速度。但是,对于某些需要从服务器及时更新数据的页面来说,有没有办法禁止从缓存中读取页面数据呢?

事实上,网页缓存由 HTTP 消息报头中的 Cache-control 控制,Cache-Control 指定请求和响应遵循的缓存机制。在请求消息或响应消息中设置 Cache-Control 并不会修改另一个消息处理过程中的缓存处理过程。请求时的缓存指令包括 no-cache、no-store、max-age、max-stale、min-fresh、only-if-cached,响应消息中的指令包括 public、private、no-cache、no-store、no-transform、must-revalidate、proxy-revalidate、max-age。各个消息中的指令含义如下所述。

- Public 指示响应可被任何缓存区缓存。
- Private 指示对于单个用户的整个或部分响应消息,不能被共享缓存处理。这允许服务器仅仅描述当用户的部分响应消息,此响应消息对于其他用户的请求无效。
- no-cache 指示请求或响应消息不能缓存。
- no-store 用于防止重要的信息被无意的发布。在请求消息中发送将使得请求和响应消息都不使用缓存。

- max-age 指示客户机可以接收生存期不大于指定时间（以秒为单位）的响应。
- min-fresh 指示客户机可以接收响应时间小于当前时间加上指定时间的响应。
- max-stale 指示客户机可以接收超出超时期间的响应消息。如果指定 max-stale 消息的值，那么客户机可以接收超出超时期指定值之内的响应消息。

Cache-control 不同取值的作用根据用户不同的重新浏览方式，可以将其分为以下几种情况。

（1）打开新窗口

Cache-control 值为 private、no-cache、must-revalidate，那么打开新窗口访问时都会重新访问服务器。而如果指定了 max-age 值，那么在 max-age 值内的时间里就不会重新访问服务器，例如：

```
Cache-control: max-age=5
```

表示访问此网页后的 5 秒内不会再次访问服务器。

（2）在地址栏回车

Cache-control 值为 private 或 must-revalidate 则只有第一次访问时会访问服务器，以后就不再访问；值为 no-cache，那么每次都会访问；值为 max-age，则在过期之前不会重复访问。

（3）按后退按钮

Cache-control 值为 private、must-revalidate、max-age，则不会重复访问；值为 no-cache，则每次都重复访问。

（4）按刷新按钮

无论为何值，都会重复访问。

注意：Cache-control 值为 no-cache 时，访问此页面不会在临时文件夹留下页面备份。

另外，通过指定 expires 值也会影响到缓存。例如，指定 expires 值为一个早已过去的时间，访问此网页时若重复在地址栏按回车，那么每次都会重复访问：Expires: Fri, 31 Dec 1999 16:00:00 GMT，注意，设置的时间格式为 GMT 格式。

通过设置 meta 禁止浏览器缓存页面，并且浏览器无法脱机浏览该页面，方法是设置 HTTP 头中的 pragma 属性，具体如下：

```
<meta http-equiv="pragma" content="no-cache" />
```

其中，pragma 与 no-cache 用于定义页面缓存，pragma 出现在 http-equiv 属性中，使用 content 属性的 no-cache 值表示禁止缓存网页，设定此网页无法被存入缓存，每次打开此页面都需要重新从服务器读取。

完整的示例代码如下：

```
01  <!DOCTYPE html>
```

```
02  <html>
03  <head>
04      <meta charset="UTF-8">
05      <meta http-equiv="Pragma" content="no-cache">
06      <meta http-equiv="Cache-Control" content="no-cache">
07      <meta http-equiv="Expires" content="-1">
08      <meta content="width=device-width, initial-scale=1.0, maximum-scale=1.0, user-scalable=0"
    name="viewport" />
09      <meta content="yes" name="apple-mobile-web-app-capable" />
10      <meta content="black" name="apple-mobile-web-app-status-bar-style" />
11      <meta name="format-detection" content="telephone=no" />
12      <title>2.8 禁止从缓存中调用</title>
13      </head>
14  <body>
15      content here ...
16      禁止从缓存中调用
17  <body>
18  </body>
19  </html>
```

在以上代码中，第 5~8 行为设置浏览器的缓存模式，其中，第 5、6 行设置 Pragma、Cache-Control 为 no-cache 禁止缓存页面，且过期时间为-1，即缓存失效时间为立即失效。

2.9 删除过期的 Cookie

在没有单独设置 cookie 的调用方式与过期时间的情况下，默认情况下浏览器访问某个页面时会将它存在缓存中，再次访问时就可从缓存中读取，以提高速度。假设当你希望用户每次访问页面时都可以刷新广告的图标，或每次都刷新你的计数器，就可以采用禁用缓存了。

通常 HTML 文件没有必要禁用缓存，对于动态语言在服务器端直接生成的页面，就可以使用禁用缓存，因为每次看到的页面都是在服务器动态生成的，缓存就失去意义。

删除过期的 Cookie 的原理是，如果网页过期，那么存盘的 cookie 将被删除，示例代码如下：

```
<meta  http-equiv="Set-Cookie"  Content="cookievalue=xxx;  expires=Wednesday,  Sunday  26
    October 2015 01:00 GMT; path=/">
```

注意：expires 取值必须使用 GMT 的时间格式。

2.10　设置网页的过渡效果

网页的过渡效果是指当用户进入或离开网页时，页面呈现的不同的效果，例如渐变、卷动收起、百叶窗等效果。这样网页看起来会更具有动感，不过也要注意适可而止，否则太花哨的动画效果容易产生喧宾夺主的效果，也容易引起用户的不适感。为了提升用户体验，在页面上设置合适的过渡效果是可选的。

设置过渡效果的方式有很多种，常见的可通过 CSS 的过渡样式实现。事实上，通过 meta 也可以设置页面的切换特效。设置方法如下：

```
<meta http-equiv="page-enter" content="blendtrans(duration=0.5)"/>
<meta http-equiv="page-exit" content="blendtrans(duration=0.5)"/>
```

http-equiv 属性的值为 page-enter 时表示进入该页面时启用特效，http-equiv 属性的值为 page-exit 时代表退出（离开）该页面时启用特效。

content 属性的取值表示需启动的特效的种类，这种特效也叫动态滤镜。滤镜种类很多，例如 blendtrans 就是很常见的一种，效果为淡入淡出，duration 值表示效果持续的时间，单位为秒。

另一种滤镜特效设置如下：

```
<meta http-equiv="page-enter" content="revealTrans(duration=6, transtion=1)"/>
<meta http-equiv="page-exit" content="revealTrans(duration=6, transtion=1)"/>
```

动态滤镜 revealTrans 也可用于页面进入与退出效果。duration 表示滤镜特效持续时间，时间单位也为秒，transition 是滤镜类型，表示想使用哪种特效，取值为 0~23。表 2.1 中显示了 transition 取值范围以及每个取值所对应的效果。

表 2.1　transition取值及其含义

取值	效果
0	盒状收缩
1	盒状展开
2	圆形收缩
3	圆形展开
4	向上擦除
5	向下擦除
6	向左擦除
7	向右擦除
8	垂直百叶窗
9	水平百叶窗
10	横向棋盘式
11	纵向棋盘式

取值	效果
12	溶解
13	左右向中部收缩
14	中部向左右展开
15	上下向中部收缩
16	中部向上下展开
17	阶梯状向左下展开
18	阶梯状向左上展开
19	阶梯状向右下展开
20	阶梯状向右上展开
21	随机水平线
22	随机垂直线
23	随机

具体 transition 使用方法可参考如下：

混合（淡入淡出）：

```
<meta http-equiv="Page-Enter" content="blendTrans(Duration=2.0)" />
```

盒状收缩：

```
<meta http-equiv="Page-Enter" content="revealTrans(Duration=2.0,Transition=0)" />
```

盒状展开：

```
<meta http-equiv="Page-Enter" content="revealTrans(Duration=2.0,Transition=1)" />
```

圆形收缩：

```
<meta http-equiv="Page-Enter" content="revealTrans(Duration=2.0,Transition=2)" />
```

圆形放射：

```
<meta http-equiv="Page-Enter" content="revealTrans(Duration=2.0,Transition=3)" />
```

向上擦除：

```
<meta http-equiv="Page-Enter" content="revealTrans(Duration=2.0,Transition=4)" />
```

向下擦除：

```
<meta http-equiv="Page-Enter" content="revealTrans(Duration=2.0,Transition=5)" />
```

向右擦除：

```
<meta http-equiv="Page-Enter" content="revealTrans(Duration=2.0,Transition=6)" />
```

向左擦除：

```
<meta http-equiv="Page-Enter" content="revealTrans(Duration=2.0,Transition=7)" />
```

垂直遮蔽：

`<meta http-equiv="Page-Enter" content="revealTrans(Duration=2.0,Transition=8)" />`

水平遮蔽：

`<meta http-equiv="Page-Enter" content="revealTrans(Duration=2.0,Transition=9)" />`

横向棋盘式：

`<meta http-equiv="Page-Enter" content="revealTrans(Duration=2.0,Transition=10)" />`

纵向棋盘式：

`<meta http-equiv="Page-Enter" content="revealTrans(Duration=2.0,Transition=11)" />`

随机溶解：

`<meta http-equiv="Page-Enter" content="revealTrans(Duration=2.0,Transition=12)" />`

左右向中央缩进：

`<meta http-equiv="Page-Enter" content="revealTrans(Duration=2.0,Transition=13)" />`

中央向左右扩展：

`<meta http-equiv="Page-Enter" content="revealTrans(Duration=2.0,Transition=14)" />`

上下向中央缩进：

`<meta http-equiv="Page-Enter" content="revealTrans(Duration=2.0,Transition=15)" />`

中央向上下扩展：

`<meta http-equiv="Page-Enter" content="revealTrans(Duration=2.0,Transition=16)" />`

从左下抽出：

`<meta http-equiv="Page-Enter" content="revealTrans(Duration=2.0,Transition=17)" />`

从左上抽出：

`<meta http-equiv="Page-Enter" content="revealTrans(Duration=2.0,Transition=18)" />`

从右下抽出：

`<meta http-equiv="Page-Enter" content="revealTrans(Duration=2.0,Transition=19)" />`

从右上抽出：

`<meta http-equiv="Page-Enter" content="revealTrans(Duration=2.0,Transition=20)" />`

随机水平线条：

`<meta http-equiv="Page-Enter" content="revealTrans(Duration=2.0,Transition=21)" />`

随机垂直线条：

`<meta http-equiv="Page-Enter" content="revealTrans(Duration=2.0,Transition=22)" />`

随机：

```
<meta http-equiv="Page-Enter" content="revealTrans(Duration=2.0,Transition=23)" />
```

注意： 在 IE 5.5 及以上版本的 IE 浏览器中运行才能显示出完整效果。

本节完整案例代码如下：

```
01  <!DOCTYPE html>
02  <html lang="zh-CN">
03  <head>
04      <meta charset="UTF-8">
05      <meta http-equiv="page-enter" content=" blendtrans (duration=6, transtion=0)"/>
06      <meta http-equiv="page-exit" content="revealTrans(duration=6, transtion=1)"/>
07      <meta content="width=device-width, initial-scale=1.0, maximum-scale=1.0, user-scalable=0"
        name="viewport" />
08      <meta content="yes" name="apple-mobile-web-app-capable" />
09      <meta content="black" name="apple-mobile-web-app-status-bar-style" />
10      <meta name="format-detection" content="telephone=no" />
11      <title>2.10</title>
12      </head>
13  <body>
14      content here ...
15  <body>
16  </body>
17  </html>
```

以上代码第 5 行和第 6 行分别设置网页进入的效果和离开的盒状过渡效果。浏览器显示效果如图 2.1~图 2.3 所示。

图 2.1　设置过渡效果

图 2.2　设置过渡效果

图 2.3　设置过渡效果

第 3 章 标记文字

在前两章中介绍了创建 HTML 文档的基本构成、HTML 文档头部的 meta 元素的设置。本章要介绍有关文字的标记。网页上最常见的就要数文字了，但如果网页只显示一堆毫无章法、密密麻麻的文字，则阅读效果实在太差。在 HTML 文档中适当地应用文字标记则可以增加页面的可读性和美感。通过文字的标记可以设置文本的字体系列、大小、加粗、风格（如斜体）和变形（如小型大写字母）等效果。其中字体对于文字的美化至关重要，并且由此影响整个网页的美观程度。同时使用语义化良好的标签定义文字，即使在没有 CSS 样式表的情况下，仍然能够排列完整，仍然能够完整地阅读，而且有助于搜索引擎检索。

本章主要涉及的知识点：

- 标题
- 表示关键字和产品名称<b></b>
- 强调<em></em>
- 表示外文词语或科技术语<i></i>
- 表示不正确或校正<s></s>
- 表示重要的文字<strong></strong>
- 为文字添加下画线<u></u>
- 添加小号字体内容<small></small>
- 添加上标和下标
- 强制换行
- 指明可以安全换行的建议位置<wbr>
- 表示输入和输出<code><var><samp><kbd>
- 使用标题引用、引文、定义和缩写
- 表示缩写<abbr></abbr>
- 定义术语<dfn></dfn>
- 引用来自他处的内容<q></q>
- 引用其他作品的标题<cite></cite>
- 表示时间和日期<time></time>
- ruby、rt 和 rp 元素
- bdo 元素
- bdi 元素

- 表示一段一般性的内容 <span></span>
- 突出显示文本<mark></mark>

3.1　标题

HTML 中标题是通过<hn>…</hn>标签进行定义的，其中 n 的值是从 1 到 6，分别表示六级标题，可用在如章节、段落等标题上。搜索引擎使用标题为网页的结构和内容编制索引，用户可以通过标题来快速地浏览网页结构内容，所以不要仅仅是为了产生粗体或大号的文本而使用标题，还应该将<h1>用作主标题（最重要的），其后是<h2>（次重要的），再其次是<h3>，依此类推，<h1> 定义最大的标题，<h6> 定义最小的标题。

为块级元素，如果没有设定 CSS，默认状态下每次都占据一整行，后面的内容也必须重新再另起一行显示。使用方法如下：

```
<h1>主标题 1</h1>
<h2>副标题 2</h2>
<h3>副标题 3</h3>
<h4>副标题 4</h4>
<h5>副标题 5</h5>
<h6>副标题 6</h6>
```

其中，<h1>元素用来描述网页中最上层的标题。由于一些浏览器会默认地把 <h1> 元素显示为很大的字体，因此有些开发者会使用<h2>元素来代替<h1>元素来显示最上层的标题。虽然这样做不会对读者产生影响，但会使那些试图"理解网页结构"的搜索引擎等软件受到影响，因此需尽量确保 <h1>用于最顶层的标题，<h2>、<h3>等用于较低的层级。示例代码如下：

```
01  <!DOCTYPE html>
02  <html lang="zh-CN">
03  <head>
04      <meta charset="UTF-8">
05      <meta content="width=device-width, initial-scale=1.0, maximum-scale=1.0, user-scalable=0"
    name="viewport" />
06      <meta content="yes" name="apple-mobile-web-app-capable" />
07      <meta content="black" name="apple-mobile-web-app-status-bar-style" />
08      <meta name="format-detection" content="telephone=no" />
09      <title>3.1</title>
10  </head>
11  <body>
12      <div class="content">
13          <h1>这是文档顶级标题</h1>
14          <p>这是文章内容的一部分。</p>
```

```
15        <p>这是文章内容的一部分。</p>
16        <h2>3.1 这是二级标题</h2>
17        <p>这里是 3.1 节的主要内容。</p>
18        <p>这里是 3.1 节的主要内容。</p>
19        <p>这里是 3.1 节的主要内容。</p>
20        <h3>3.1.1 这是三级标题</h3>
21        <p>这是 3.1 节的第 1 小节的主要内容。</p>
22        <p>这是 3.1 节的第 1 小节的主要内容。</p>
23        <p>这是 3.1 节的第 1 小节的主要内容。</p>
24     </div>
25
26  <body>
27  </body>
28  </html>
```

浏览器显示效果如图 3.1 所示。

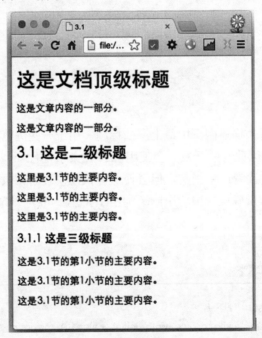

图 3.1　各级标题的示例

此外，<hgroup>是 HTML 5 中新定义的元素，用来将标题和副标题群组。一般被用作将一个或者更多的 h1 到 h6 的元素群组，可包含一个区块内的标题及其副标题。一般在 header 里面用来将一组标题组合在一起，例如：

```
01  <!DOCTYPE html>
02  <html lang="zh-CN">
03  <head>
04      <meta charset="UTF-8">
```

```
05    <meta content="width=device-width, initial-scale=1.0, maximum-scale=1.0, user-scalable=0"
name="viewport" />
06    <meta content="yes" name="apple-mobile-web-app-capable" />
07    <meta content="black" name="apple-mobile-web-app-status-bar-style" />
08    <meta name="format-detection" content="telephone=no" />
09    <title>3.1.2</title>
10    </head>
11 <body>
12    <header>
13       <hgroup>
14          <h1> 阿里旅行·去啊 </h1>
15          <h2> 阿里旅行·去啊是阿里巴巴旗下的综合性旅游出行服务平台 </h2>
16          <p>阿里旅行·去啊，世界触手可行</p>
17       </hgroup>
18    </header>
19    <article>
20        阿里旅行·去啊整合数千家机票代理商、航空公司、旅行社、旅行代理商资源，直签
酒店，客栈卖家等为广大旅游者提供特价机票，酒店预订，客栈查询，国内外度假信息，门票
购买，签证代理，旅游卡券，租车，邮轮等旅游产品的信息搜索，购买及售后服务。全程采用
支付宝担保交易，安全、可靠、有保证。
21    </article>
22 <body>
23 </body>
24 </html>
```

使用<hgroup>标签对网页或区段（section）的标题进行组合，当只有一个标题元素的时候，并不需要使用<hgroup>元素。当出现一个或者一个以上的标题与元素时，即可使用<hgroup>来包裹。当一个标题有副标题或者有其他的如 section、article 等有关系的元数据时，可将<hgroup>和元数据放到一个单独的<header>元素容器中。

浏览器显示效果如图 3.2 所示。

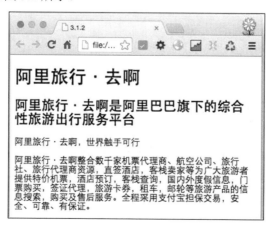

图 3.2　hgroup 的使用

3.2 表示关键字和产品名称<b></b>

<b>标签可以定义粗体的文本，比其余文本部分更为突出显示。即用 b 元素包裹的文本中的部分比其余的部分更重要，并呈现为粗体。所有浏览器都支持<b>标签。

在以下场景下可以适当使用<b>标签：

- 文档的摘要中的关键字。
- 产品描述中的产品名。
- 其他文本在需要加粗显示的情况下。

代码示例：

```
01  <!DOCTYPE html>
02  <html lang="zh-CN">
03  <head>
04      <meta charset="UTF-8">
05      <meta content="width=device-width, initial-scale=1.0, maximum-scale=1.0, user-scalable=0"
    name="viewport" />
06      <meta content="yes" name="apple-mobile-web-app-capable" />
07      <meta content="black" name="apple-mobile-web-app-status-bar-style" />
08      <meta name="format-detection" content="telephone=no" />
09      <title>第 3 章</title>
10      </head>
11  <body>
12      <section>
13          <p><b class="keyword">阿里旅行·去啊</b>是<b class="keyword">阿里巴巴</b>旗
    下的综合性旅游出行服务平台。阿里旅行·去啊整合数千家机票代理商、航空公司、旅行社、
    旅行代理商资源，直签酒店，客栈卖家等为广大旅游者提供特价机票，酒店预订，客栈查询，
    国内外度假信息，门票购买，签证代理，旅游卡券，租车，邮轮等旅游产品的信息搜索，购买
    及售后服务。全程采用支付宝担保交易，安全、可靠、有保证。</p>
14      </section>
15  <body>
16  </body>
17  </html>
```

在代码第 13 行中，使用<b>标签加粗部分标记为公司名称。

浏览器显示效果如图 3.3 所示。

当然，除了使用<b>标签，也能够使用 CSS 的"font-weight"属性来设置粗体文本。

根据 HTML 5 规范，在没有其他合适标签更合适时，才把<b>标签作为最后的选项。HTML 5 规范声明应该使用<h1> ~ <h6>来表示标题，使用<em>标签来表示强调的文本，应该使用<strong>标签来表示重要文本，应该使用<mark>标签来表示标注的/突出显示的文本。

图 3.3　b 元素使用效果

3.3　强调<em></em>

相比于<b>标签来说，<em>标签可以是通知浏览器把其中的文本表示为强调的内容的标签。对于所有浏览器来说，这意味着要把这段文字用斜体来显示。

在文本中加入强调也需要技巧。如果强调太多，有些重要的短语就会被漏掉；如果强调太少，就无法真正突出重要的部分，因此最好还是不要滥用强调。

尽管现在<em>标签修饰的内容都是用斜体字来显示，但这些内容也具有更广泛的含义，未来浏览器也可能会使用其他的特殊效果来显示强调的文本。如果只想使用斜体字来显示文本的话，请使用<i>标签。除此之外，文档中还可以包括用来改变文本显示的级联样式定义。

除强调之外，当引入新的术语或在引用特定类型的术语或概念作为固定样式的时候，也可以考虑使用<em>标签，<em>标签可以用来把这些名称和其他斜体字区别开来。<em>标签修饰的内容都是用斜体字来显示，但这些内容也具有更广泛的含义，如果只想使用斜体字来显示文本的话，请使用<i>标签。除此之外，文档中还可以包括用来改变文本显示的级联样式定义。

示例代码：

```
01   <!DOCTYPE html>
02   <html lang="zh-CN">
03   <head>
04       <meta charset="UTF-8">
05       <meta content="width=device-width, initial-scale=1.0, maximum-scale=1.0, user-scalable=0"
name="viewport" />
```

```
06       <meta content="yes" name="apple-mobile-web-app-capable" />
07       <meta content="black" name="apple-mobile-web-app-status-bar-style" />
08       <meta name="format-detection" content="telephone=no" />
09       <title>第 3 章</title>
10     </head>
11 <body>
12     <section>
13         <p><em>祝愿</em>大家新年吉祥如意。</p>
14         <p>祝愿大家<em>新年</em>吉祥如意。</p>
15         <p>祝愿大家新年<em>吉祥如意。</em></p>
16         <p><em>祝愿大家新年<em>吉祥如意。</em></em></p>
17     </section>
18 <body>
19 </body>
20 </html>
```

在代码中，第 13~15 行分别使用<em>标签包裹不同的关键字，表示每句话表达的重点是不同的。

浏览器显示效果如图 3.4 所示。

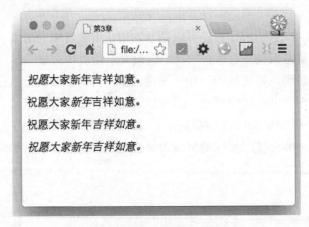

图 3.4   em 元素使用效果

注意：如需表达提醒、引起读者重视等角度，可以使用<strong>标签。

3.4　表示外文词语或科技术语<i></i>

<i>标签与基于内容的样式标签<em>类似，也可以显示斜体文本效果。<i>标签通知浏览器将包含其中的文本以斜体字（italic）或者倾斜（oblique）字体显示。如果这种斜体字对该浏览器不可用的话，可以使用高亮、反白或加下画线等样式，所有浏览器都支持<i>标签。<i>标签有如下几种使用场景：

- 表示转述句。
- 表示分类名称。
- 习语。

W3C 标准建议在没有其他标签时可以时刻使用<i>标签，并且应该使用<i>标签把部分文本定义为某种类型，而不只是利用它在布局中所呈现的样式。

示例代码：

```
01  <!DOCTYPE html>
02  <html lang="zh-CN">
03  <head>
04      <meta charset="UTF-8">
05      <meta content="width=device-width, initial-scale=1.0, maximum-scale=1.0, user-scalable=0"
    name="viewport" />
06      <meta content="yes" name="apple-mobile-web-app-capable" />
07      <meta content="black" name="apple-mobile-web-app-status-bar-style" />
08      <meta name="format-detection" content="telephone=no" />
09      <title>第 3 章</title>
10      </head>
11  <body>
12      <section>
13          <p><i>祝愿</i>大家新年吉祥如意。</p>
14          <p>祝愿大家<i>新年</i>吉祥如意。</p>
15          <p>祝愿大家新年<i>吉祥如意</i>。</p>
16      </section>
17  <body>
18  </body>
19  </html>
```

在代码中，加粗部分标记为插入关键字。

浏览器显示效果如图 3.5 所示。

图 3.5　<i>元素使用效果

3.5 表示重要的文字\<strong>\</strong>

\<strong>标签和\<em>标签一样，用于强调文本，但它强调的程度更强一些。strong 元素包含的内容表示页面内容中重要的部分，其重要程度是由其标识的序号来定义的。

浏览器通常会以不同\<em>标签的方式来显示\<strong>标签中的内容，通常是用加粗的字体（相对于斜体）来显示其中的内容，这样用户就可以把这两个标签区分开来了。

注意： 如果仅仅是想达到粗体的显示效果，那么建议使用 CSS 样式表来定义内容样式，可能取得更丰富的效果。

示例代码：

```
01  <!DOCTYPE html>
02  <html lang="zh-CN">
03  <head>
04      <meta charset="UTF-8">
05      <meta        content="width=device-width,        initial-scale=1.0,        maximum-scale=1.0,
    user-scalable=0" name="viewport" />
06      <meta content="yes" name="apple-mobile-web-app-capable" />
07      <meta content="black" name="apple-mobile-web-app-status-bar-style" />
08      <meta name="format-detection" content="telephone=no" />
09      <title>第 3 章</title>
10      </head>
11  <body>
12      <section>
13          <p><strong><strong>祝愿：</strong> 大家新年吉祥如意。 </strong></p>
14      </section>
15  <body>
16  </body>
17  </html>
```

在 HTML 4.01 中，\<strong>定义语气更重的强调文本，但是在 HTML 5 中，\<strong>定义重要的文本。

浏览器显示效果如图 3.6 所示。

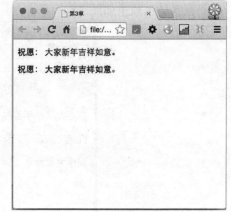

图 3.6　strong 元素使用效果

3.6　表示不正确或校正\<s>\</s>

在页面上有时候需要表示不正确或校正的内容，具体表现为不正确的内容使用一根中线画去，并将正确的内容显示在其旁边，具体展示如图 3.7 所示。

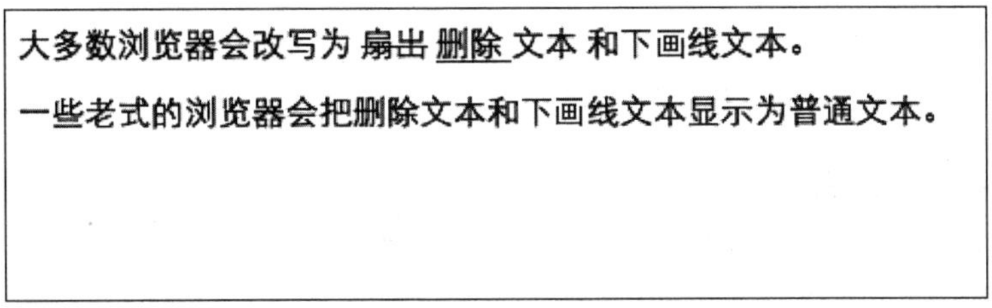

大多数浏览器会改写为 扇出 **删除** 文本 和下画线文本。

一些老式的浏览器会把删除文本和下画线文本显示为普通文本。

图 3.7　矫正的示例图

可以像这样标记删除线文本：

```
01  <!DOCTYPE html>
02  <html lang="zh-CN">
03  <head>
04      <meta charset="UTF-8">
05      <meta content="width=device-width, initial-scale=1.0, maximum-scale=1.0, user-scalable=0"
name="viewport" />
06      <meta content="yes" name="apple-mobile-web-app-capable" />
07      <meta content="black" name="apple-mobile-web-app-status-bar-style" />
08      <meta name="format-detection" content="telephone=no" />
09      <title>第 3 章</title>
10      </head>
11  <body>
12      <section>
13          <p>大多数浏览器会改写为 <s> </s> <ins> 删除 </ins>文本 和下画线文本。</p>
14
15          <p>一些老式的浏览器会把删除文本和下画线文本显示为普通文本。</p>
16      </section>
17  <body>
18  </body>
19  </html>
```

以上代码第 13 行使用\<s>标签来定义删除文本，\<s>标签是\<strike>标签的缩写版本。使用\<ins>标签来配合，描述文档中的更新和修正。所有浏览器都支持\<s>标签，但是在 HTML 5 中，\<s>仍然支持，\</s>已经不支持该标签，可以使用\<del>来代替。

\<ins>标签定义已经被插入文档中的文本。所有主流浏览器都支持\<ins>标签，但是没有主流浏览器能够正确地显示\<ins>标签的 cite 或 datetime 属性。

3.7 为文字添加下画线\<u>\</u>

通常，通过元素的 text-decoration 样式属性设置为 underline，可以为该元素添加下画线，例如：

```
01  <!DOCTYPE html>
02  <html lang="zh-CN">
03  <head>
04      <meta charset="UTF-8">
05      <meta content="width=device-width, initial-scale=1.0, maximum-scale=1.0, user-scalable=0"
name="viewport" />
06      <meta content="yes" name="apple-mobile-web-app-capable" />
07      <meta content="black" name="apple-mobile-web-app-status-bar-style" />
08      <meta name="format-detection" content="telephone=no" />
09      <title>第 3 章</title>
10      <style type="text/css">
11      .underline {
12          text-decoration: underline;
13      }
14      </style>
15      </head>
16  <body>
17      <section>
18          <div class="underline">这是通过样式设置的下画线</div>
19          <p>如果文本不是超链接，就不要<u>对其使用下画线</u>。</p>
20      </section>
21  <body>
22  </body>
23  </html>
24  使用 <u> 标签也可以为文本添加下画线，示例代码如下：
25  <!DOCTYPE html>
26  <html lang="zh-CN">
27  <head>
28      <meta charset="UTF-8">
29      <meta content="width=device-width, initial-scale=1.0, maximum-scale=1.0, user-scalable=0"
name="viewport" />
30      <meta content="yes" name="apple-mobile-web-app-capable" />
31      <meta content="black" name="apple-mobile-web-app-status-bar-style" />
32      <meta name="format-detection" content="telephone=no" />
33      <title>第 3 章</title>
34      </head>
35  <body>
```

```
36      <section>
37          <p>如果文本不是超链接，就不要<u>对其使用下画线</u>。</p>
38      </section>
39  <body>
40  </body>
41  </html>
```

HTML 5 中不再支持该标签。请尽量避免为文本加下画线，因为用户通常会把它混淆为一个超链接。

浏览器显示效果如图 3.8 所示。

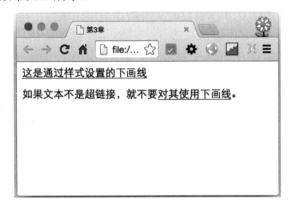

图 3.8　u 元素使用效果

3.8　添加小号字体内容<small></small>

通常在页面中，免责声明、注意事项、法律限制或版权声明的特征通常都是小型文本，另外新闻来源、许可要求等通常也使用小型文本展示。<small>标签将旁注呈现为小型文本。

示例代码：

```
01  <!DOCTYPE html>
02  <html lang="zh-CN">
03  <head>
04      <meta charset="UTF-8">
05      <meta content="width=device-width, initial-scale=1.0, maximum-scale=1.0, user-scalable=0"
    name="viewport" />
06      <meta content="yes" name="apple-mobile-web-app-capable" />
07      <meta content="black" name="apple-mobile-web-app-status-bar-style" />
08      <meta name="format-detection" content="telephone=no" />
09      <title>第 3 章</title>
10      </head>
11  <body>
12      <section>
```

```
13          <h2>放心出行 保障有我 <small>医院保障基金为您保驾护航！</small> </h2>
14          <span>现价 $350 元 <small>2.7 折</small> </span>
15      </section>
16  <body>
17  </body>
18  </html>
```

代码第 13 行和第 14 行分别在 h2 元素和 em 元素内部使用 small 元素，作为主体内容的旁注。在图 3.9 中可看出，small 元素的内容显示为相对小文本。

对于由 em 元素强调过的或由 strong 元素标记为重要的文本，small 元素不会取消对文本的强调，也不会降低这些文本的重要性。所有主流浏览器均支持<small>标签。

浏览器显示效果如图 3.9 所示。

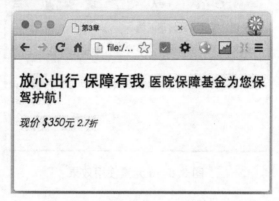

图 3.9　small 元素使用效果

3.9　添加上标和下标

<sup>标签可定义上标文本。sup 是 superscript 的缩写。包含在^{标签和其结束标签}中的内容将会以当前文本流中字符高度的一半来显示，但是与当前文本流中文字的字体和字号是一致的。上标标签在向文档添加角注以及表示方程式中的指数值时非常有用。如果和<a>标签结合起来使用，就可以创建出很好的超链接脚注；在标题中使用，可以起到标注的效果。

示例代码：

```
01  <!DOCTYPE html>
02  <html lang="zh-CN">
03  <head>
04      <meta charset="UTF-8">
05      <meta content="width=device-width, initial-scale=1.0, maximum-scale=1.0, user-scalable=0" name="viewport" />
06      <meta content="yes" name="apple-mobile-web-app-capable" />
```

```
07        <meta content="black" name="apple-mobile-web-app-status-bar-style" />
08        <meta name="format-detection" content="telephone=no" />
09        <title>第 3 章</title>
10        </head>
11    <body>
12        <section>
13            <h2>国内出发 <sup> hot </sup> </h2>
14            <h3> 港澳台到达 <sub> 春节大促价 </sub>   </h3>
15        </section>
16    <body>
17    </body>
18    </html>
```

与上标标签<sup>类似，<sub>标签可定义下标文本，sub 是 subscript 的缩写。包含在
_{标签和其结束标签}中的内容将会以当前文本流中字符高度的一半来显示，但
是与当前文本流中文字的字体和字号都是一样的，这与 sup 的表现一致。

浏览器显示效果如图 3.10 所示。

图 3.10　上标、下标的使用效果

3.10　强制换行

br 标签是用于内容换行，例如文字内容换行排版作用。
可插入一个简单的换行符，
示例代码如下：

```
01    <!DOCTYPE html>
02    <html lang="zh-CN">
03    <head>
04        <meta charset="UTF-8">
05        <meta content="width=device-width, initial-scale=1.0, maximum-scale=1.0, user-scalable=0"
      name="viewport" />
```

```
06        <meta content="yes" name="apple-mobile-web-app-capable" />
07        <meta content="black" name="apple-mobile-web-app-status-bar-style" />
08        <meta name="format-detection" content="telephone=no" />
09        <title>第 3 章</title>
10        </head>
11   <body>
12        <section>
13            <p>
14                今晚北京迎来了 <br /> 新年第一场雪：<br />
15                <img src="./img/snow.jpg" height="250">
16            </p>
17        </section>
18   <body>
19   </body>
20   </html>
```

代码第 14 行在文本中间和结尾插入了两个
标签来达到强制换行的效果。

标签是空标签，意味着它没有结束标签，因此标签对
</br>是错误的。在 XHTML 中，把结束标签放在开始标签中，也就是
。需要注意的是，
标签只是简单地开始新的一行，而当浏览器遇到<p>标签时，通常会在相邻的段落之间插入一些垂直的间距。请使用
标签来输入空行，而不是分隔段落。

浏览器显示效果如图 3.11 所示。

图 3.11　br 元素使用效果

3.11　指明可以安全换行的建议位置<wbr>

<wbr>标签是另一种换行的方式，HTML 5 中新增的元素。就是相对于
而言，

此处必须强制换行；而<wbr>意思就是浏览器窗口或者父级元素的宽度足够宽时，即没必要强制换行时，则不进行换行；而当宽度不够时，主动在此处进行换行。

　　例如，当正常情况下浏览器窗口宽度过小，不足以在行末书写完一个词时，就将行末整个词放到下一行，实现换行。但是在单词内的某个位置加入<wbr>标签时，换行就能主动拆分单词。

　　示例代码如下：

```
01  <!DOCTYPE html>
02  <html lang="zh-CN">
03  <head>
04      <meta charset="UTF-8">
05      <meta content="width=device-width, initial-scale=1.0, maximum-scale=1.0, user-scalable=0"
    name="viewport" />
06      <meta content="yes" name="apple-mobile-web-app-capable" />
07      <meta content="black" name="apple-mobile-web-app-status-bar-style" />
08      <meta name="format-detection" content="telephone=no" />
09      <title>第 3 章</title>
10  </head>
11  <body>
12      <section>
13          <p>
14              Emergency stairway: 225 steps, leading from the
15              viewing platform to the entr<wbr>ance and/or the cellar.
16          </p>
17      </section>
18  <body>
19  </body>
20  </html>
```

目前，IE 8 以上浏览器和现代浏览器可支持<wbr>标签。

当浏览器宽度足够时，显示效果如图 3.12 所示。

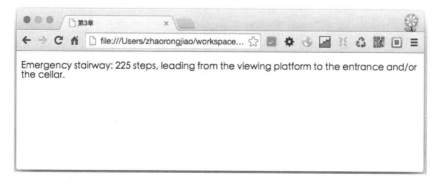

图 3.12　wbr 元素使用效果

当浏览器宽度不够时，显示效果如图 3.13 所示，即在 wbr 元素处进行了换行。

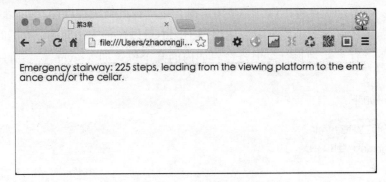

图 3.13　wbr 元素使用效果

3.12　表示输入和输出<code><var><samp><kbd>

<code>标签用于表示计算机源代码或者其他机器可以阅读的文本内容。

开发者已经习惯了编写源代码时文本表示的特殊样式，<code>标签就是为开发者设计的。包含在该标签内的文本将用等宽、类似电传打字机样式的字体（Courier）显示出来，对于大多数程序员用户来说，这样的代码格式看起来是非常熟悉的。

code 元素使用的示例代码如下：

```
01  <!DOCTYPE html>
02  <html lang="zh-CN">
03  <head>
04      <meta charset="UTF-8">
05      <meta content="width=device-width, initial-scale=1.0, maximum-scale=1.0, user-scalable=0"
    name="viewport" />
06      <meta content="yes" name="apple-mobile-web-app-capable" />
07      <meta content="black" name="apple-mobile-web-app-status-bar-style" />
08      <meta name="format-detection" content="telephone=no" />
09      <title>第 3 章</title>
10  </head>
11  <body>
12      <section>
13          <pre>
14              <code>
15
16  KISSY.use('trip-home/mods/fixed-bottom/', function (S, FixedBottom){
17      setTimeout(function (){
18          new FixedBottom({
19              html : S.one('#J_FixedBottomTmpl').html()
```

```
20              });
21      },1000);
22  });
23
24              </code>
25          </pre>
26      </section>
27  <body>
28  </body>
29  </html>
```

浏览器显示效果如图 3.14 所示。

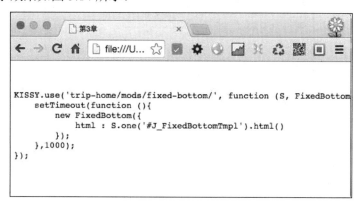

图 3.14　code 元素使用效果

只应该在表示计算机程序源代码或者其他机器可以阅读的文本内容上使用<code>标签。虽然<code>标签通常只是把文本变成等宽字体，但它暗示着这段文本是源程序代码。将来的浏览器有可能会加入其他显示效果。例如，程序员的浏览器可能会寻找<code>片段，并执行某些额外的文本格式化处理，如循环和条件判断语句的特殊缩进等。因此，如果只是希望使用等宽字体的效果，请使用<tt>标签。或者，如果想要在严格限制为等宽字体格式的文本中显示编程代码，请使用<pre>标签。

<var>标签表示变量的名称，或者由用户提供的值。

<var>标签经常与<code>和<pre>标签一起使用，用来显示计算机编程代码范例及类似方面的特定元素。用<var>标签标记的文本在浏览器中通常显示为斜体。

就像其他与计算机编程和文档相关的标签一样，<var>标签不只是让用户更容易理解和浏览你的文档，而且将来某些自动系统还可以利用这些恰当的标签，从你的文档中提取信息以及文档中提到的有用参数。

var 元素使用的示例代码如下：

```
01  <body>
02      <section>
03          <p>
```

```
04              If there are <var>n</var> pipes leading to the ice
05              cream factory then I expect at <em>least</em> <var>n</var>
06              flavors of ice cream to be available for purchase!
07          </p>
08      </section>
09  <body>
```

浏览器显示效果如图 3.15 所示。

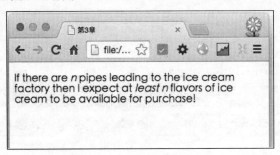

图 3.15　var 元素使用效果

在图 3.15 中可以看出变量 n 已表现为斜体的突出显示。

<samp>标签表示一段用户应该对其没有什么其他解释的文本字符，要从正常的上下文抽取这些字符时，通常要用到<samp>标签。

请看如下示例代码：

```
01  <body>
02      <section>
03          <p>
04              字符序列 <samp>ae</samp> 可能会被转换为 &aelig; 连字字符。
05          </p>
06      </section>
07  <body>
```

在 HTML 中，用于"ae"连字的特殊实体是"æ"，大多数浏览器都会将它转换成相应的"æ"连字字符。浏览器显示效果如图 3.16 所示。

图 3.16　samp 元素使用效果

<samp>标签并不经常使用。只有在要从正常的上下文中将某些短字符序列提取出来，

对它们加以强调的极少情况下，才使用这个标签。

<kbd>标签定义键盘文本，kbd 即 keyboard 的缩写，它用来表示文本是从键盘上键入的。浏览器通常用等宽字体来显示该标签中包含的文本。

<kbd>标签经常用在与计算机相关的文档和手册中。例如：

```
01  <body>
02      <section>
03          <p>
04      键入 <kbd>quit</kbd> 来退出程序，或者键入 <kbd>menu</kbd> 来返回主菜单。
05          </p>
06      </section>
07  <body>
```

浏览器显示效果如图 3.17 所示。

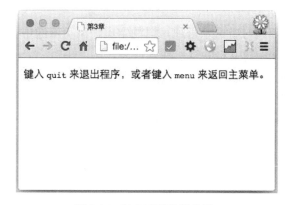

图 3.17　kbd 元素使用效果

3.13　表示缩写<abbr></abbr>

<abbr>标签表示一个缩写形式，abbr 是 abbreviations 的缩写。<abbr>标签所包含的文本是一个更长的单词或短语的缩写形式，例如"Inc."、"etc."。通过对缩写词语进行标记，这可以为浏览器、拼写检查程序、翻译系统以及搜索引擎分度器提供有用的信息。浏览器可能会根据这个信息改变对这些文本的显示方式，或者用其他文本代替。

示例代码：

```
01  <section>
02      <p> 超实用 <abbr title="HyperText Mark-up Language">HTML</abbr> 代码段 </p>
03  </section>
```

在第 2 行代码中，通过 abbr 元素包含缩写后的内容 HTML，通过 abbr 元素的 title 属性提示缩写前的完整内容。在高级浏览器中，当你把鼠标移至缩略词语上时，title 可用于展示表达的完整版本。浏览器显示效果如图 3.18 所示。

图 3.18　abbr 元素使用效果

3.14　定义术语<dfn></dfn>

　　<dfn>标签可标记那些对特殊术语或短语的定义，浏览器通常用斜体来显示<dfn>中的文本。使用<dfn>有助于创建文档的索引或术语表。

　　如果指定了 dfn 元素，其最近的父元素（如 p、group 或 section 等）必须包含术语的定义。dfn 的优先级如下：

　　（1）dfn 元素的 title 属性。

　　（2）dfn 元素内的 abbr 元素。

　　（3）dfn 元素的父元素的内容。

　　dfn 的 title 属性的使用的示例代码如下：

```
01  <body>
02      <section>
03          <p>The <dfn title="Hyper Text Markup Language">HTML</dfn>
04          is the publishing language of the World Wide Web.</p>
05      </section>
06  <body>
```

浏览器显示效果如图 3.19 所示。

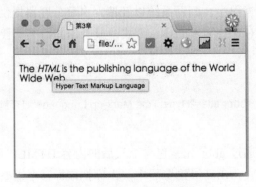

图 3.19　dfn 元素使用效果

dfn 元素内部含有 abbr 元素的代码示例如下：

```
01  <body>
02      <section>
03          <p>The <dfn><abbr title="HyperText Markup Language">HTML</abbr></dfn> is the
    publishing language of the World Wide Web.</p>
04      </section>
05  <body>
```

浏览器显示效果如图 3.20 所示。

图 3.20　dfn 元素使用效果

dfn 元素的父元素的内容的示例代码如下：

```
01  <body>
02      <section>
03          <p>The <dfn id="HTML"><abbr title="HyperText Markup Language">HTML</abbr>
    </dfn>
04          is the publishing language of the World Wide Web.</p>
05          <p>The first version of <a href="#HTML"><abbr title="Hyper Text Markup
    Language">HTML</abbr></a>
06          was described by Tim Berners-Lee in late 1991.</p>
07      </section>
08  <body>
```

浏览器显示效果如图 3.21 所示。

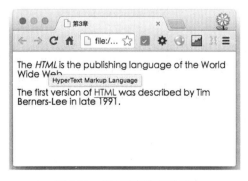

图 3.21　dfn 元素使用效果

3.15　引用来自他处的内容\<q>\</q>

写文章时，有意引用成语、诗句、格言、典故等，以表达自己想要表达的思想感情，说明自己对新问题、新道理的见解，这种修辞手法叫引用。在页面中也常使用引用的方法来丰富内容。

可以使用\<q>标签来定义一段短引用，浏览器经常会在这种引用的周围插入引号。示例代码如下：

```
01  <body>
02      <section>
03          <h2>这是短引用的示例：</h2>
04          <p>
05              <q cite="http://zhan.renren.com/readerview">
06              这样好的天气，适合出门，适合偷拍，适合与你，携手同行。
07              </q> —— 摘至《何以笙箫默》
08          </p>
09      </section>
10  <body>
```

浏览器显示效果如图 3.22 所示。

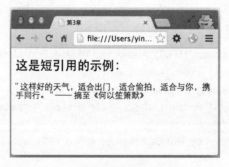

图 3.22　q 元素使用效果

如果需要标记长引用，可以使用\<blockquote>标签。\<q>标签在本质上与\<blockquote>是一样的。不同之处在于它们的显示和应用。\<q>标签用于简短的行内引用。如果需要显示为缩进的块元素，可以使用\<blockquote>标签，blockquote 的使用示例代码如下：

```
01  <body>
02      <section>
03          <h2>这是长的引用：</h2>
04          <blockquote>
05              一段年少时的爱恋，牵出一生的爱恋。大学时代的赵默笙阳光灿烂，对法学系大才子何以琛一见倾心，开朗直率的她拔足倒追，终于使才气出众的他为她停留驻足……
06          <br/>
07          摘至《何以笙箫默》
```

```
08            </blockquote>
09        </section>
10    <body>
```

浏览器显示效果如图 3.23 所示。

图 3.23　blockquote 元素使用效果

注意：标准的 q 元素应当使用分界引号来呈现，即 q 元素包含的文本必须以引号来开始和结束。Chrome、Firefox、Opera 等浏览器符合这个规定，但是 IE 却不支持此规定。结果，如果要使用<q>标签，而且用自己的引号来满足 IE，那么就要在符合标准的浏览器中使用两组引号。尽管如此，我们还是推荐使用<q>标签，可将其应用于文档处理、信息提取等方面的显示效果。

3.16　引用其他作品的标题<cite></cite>

我们还可以使用<cite>标签来定义作品的标题。<cite> 标签通常表示它所包含的文本对某个参考文献的引用，例如书籍或者杂志的标题。目前，所有浏览器都支持<cite>标签，默认情况下引用的文本将以斜体显示，例如：

```
01  <section>
02      <cite>《何以笙箫默》</cite>是执着于等待和相爱的故事，全书约 11 万字，作者顾漫。
03  </section>
```

浏览器显示效果如图 3.24 所示。

图 3.24　cite 元素使用效果

用<cite>标签把指向其他文档的引用分离出来，尤其是分离那些传统媒体中的文档，例如书籍、杂志、期刊等。如果引用的这些文档有联机版本，还应该把引用包括在一个<a>标签中，从而把一个超链接指向该联机版本。

<cite>标签还有一个隐藏的功能，它可以使你或者其他人从文档中自动摘录参考书目。<cite>标签使浏览器能够以各种实用的方式来向用户表达文档的内容，因此语义已经远远超过了改变它所包含的文本外观的作用。

注释： 人名不属于著作的标题。

3.17 表示时间和日期\<time\>\</time\>

<time>标签是 HTML 5 中的新标签，该标签能够以机器可读的方式对日期和时间进行编码，例如用户代理能够把事件提醒或用户设定的事件添加到用户日程表中，搜索引擎也能够生成更智能的搜索结果。该标签不会在任何浏览器中呈现任何特殊效果。

例如：

```
01  <section>
02      <p>我们在每天早上 <time>9:00</time> 开始上班。</p>
03
04      <p>今年 <time datetime="2015-02-18">除夕 </time> 可以放假回家了。</p>
05  </section>
```

浏览器显示效果如图 3.25 所示。

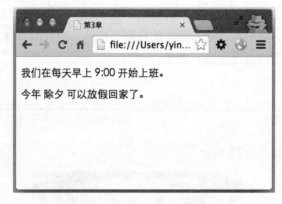

图 3.25 time 元素使用效果

<time>标签在 HTML 5 中新增属性有 datetime 和 pubdate 两个属性。datetime 属性规定日期/时间，如果 datetime 属性未设置，则由元素的内容给定日期/时间。pubdate 指示 <time>元素中的日期/时间是文档（或<article>元素）的发布日期。但是，目前所有主流浏览器都不支持<time>标签。

3.18 ruby、rt 和 rp 元素

<ruby> 标签是 HTML 5 的新标签。<ruby>标签顾名思义，是用于定义 ruby 注释（中文注音或字符）的，通常与<rt>标签一同使用。

ruby 元素由一个或多个字符（需要一个解释/发音）和一个提供该信息的 rt 元素组成，还包括可选的 rp 元素，定义当浏览器不支持 ruby 元素时显示的内容。

例如以下是 ruby 注释的一段示例代码：

```
01  <ruby>
02  漢 <rt><rp>(</rp>ㄏㄢˋ<rp>)</rp></rt>
03  </ruby>
```

IE 8 以及更早的版本不支持<ruby>标签，在 IE 9+、Firefox、Opera、Chrome 以及 Safari 支持<ruby>标签，支持 ruby 元素的浏览器不会显示 rp 元素的内容。

支持<ruby>标签的浏览器显示效果如图 3.26 所示。

图 3.26　ruby 元素使用效果

3.19 bdo 元素

有时在文档中需要设定文字方向，通过 bdo 元素可覆盖默认的文本方向。

<bdo>标签允许你指定文字方向并重载用于文本方向计算的双向算法（bidirectional algorithm）。例如：

```
01  <bdo dir="rtl">
02      这些文字将从右向左输出。
03  </bdo>
```

以上代码在 bdo 元素上设置了 dir="rtl"，标签所包含的内容是从右至左书写的，如图
3.27 所示：

```
01    <bdo dir="ltr">
02        这些文字将从右向左输出。
03    </bdo>
```

以上代码在 bdo 元素上设置了 dir="ltr"，标签所包含的内容是从左至右书写的，如图
3.28 所示。

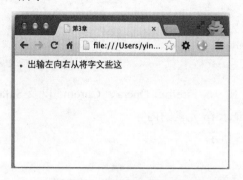

图 3.27　从右至左显示内容

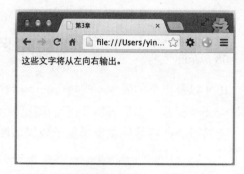

图 3.28　从左至右显示内容

3.20　bdi 元素

有时在父元素设置了文本的显示方向，但是在子元素上，希望其显示方向不受父元素
的影响，那么可以使用<bdi>标签。

bdi（Bi-directional Isolation）指的是 bidi 隔离。<bdi>标签是 HTML 5 中的新标签。
<bdi> 标签允许设置一段文本，使其脱离其父元素的文本方向设置。例如，当在发布用户
评论或其他你无法完全控制的内容时，该标签很有用。如下示例代码将演员名称从周围的
文本方向设置中隔离出来：

```
01    <body>
02        <section>
03            <ul>
04                <li> <bdo dir="rtl"><bdi>钟汉良</bdi>饰演的是何以琛；</bdo></li>
05                <li> <bdo dir="rtl"><bdi>唐嫣</bdi>饰演的是赵默笙；</bdo></li>
06                <li> <bdo dir="ltr"><bdi><bdi>臧洪娜</bdi>饰演的是顾行红</bdo></li>
07            </ul>
08        </section>
09    <body>
```

浏览器显示效果如图 3.29 所示。

图 3.29　bdi 元素使用效果

说明： 目前只有 Chrome、Firefox 浏览器支持<bdi>标签。

3.21　表示一段一般性的内容 <span></span>

<span>标签可用于对文档中的行内元素进行组合，并且建议擅用 span 元素对行内元素进行分组，以便通过样式对它们进行格式化。

```
01  <!DOCTYPE html>
02  <html lang="zh-CN">
03  <head>
04      <meta charset="UTF-8">
05      <meta content="width=device-width, initial-scale=1.0, maximum-scale=1.0, user-scalable=0"
    name="viewport" />
06      <meta content="yes" name="apple-mobile-web-app-capable" />
07      <meta content="black" name="apple-mobile-web-app-status-bar-style" />
08      <meta name="format-detection" content="telephone=no" />
09      <title>第 3 章</title>
10      <style type="text/css">
11          .menu-hd {
12              z-index: 10002;
13              position: relative;
14              padding: 0 6px;
15              height: 25px;
16              line-height: 25px;
17              overflow: hidden;
18              _display: inline;
19              _zoom: 1;
20          }
21          .menu-hd a {
22              display: inline;
23              float: left;
24              margin-right: 7px;
```

```
25              font-size: 12px;
26              color: #6c6c6c;
27          }
28      .menu-hd a span {
29              display: inline;
30              float: left;
31              cursor: pointer;
32          }
33      .ticonfont {
34              margin-right: 5px;
35              line-height: 24px;
36              line-height: 20px \0;
37              _line-height: 24px;
38              color: #9c9c9c;
39              color: #63b8f0!important;
40          }
41
42      .header-logo {
43              margin: 20px 0 0;
44              float: left;
45              height: 31px;
46              background: url(http://g.tbcdn.cn/tpi/header-footer/1.1.2/img/logo.svg) no-repeat;
47              background: url(http://gtms02.alicdn.com/tps/i2/TB1FwHwGFXXXXXmXpXX5vG7IXXX-
    186-30.png) no-repeat \9;
48              position: relative;
49              text-indent: 80px;
50          }
51
52      </style>
53      </head>
54  <body>
55      <div class="menu-hd header-logo">
56          <a href="//www.alitrip.com/" target="_top"><span class="ticonfont h"></span>
    <span>阿里旅行·去啊</span></a>
57      </div>
58
59  <body>
60  </body>
61  </html>
```

如果不对 span 应用样式，那么 span 元素中的文本与其他文本不会有任何视觉上的差异。为 span 应用 id 或 class 属性，这样既可以增加适当的语义，又便于对 span 应用样式。可以对同一个<span>元素应用 class 或 id 属性，但是更常见的情况是只应用其中一种。这两者的主要差异是，class 用于元素组（类似的元素，或者可以理解为某一类元素），而 id 用于标识单独的唯一的元素。

浏览器显示效果如图 3.30 所示。

图 3.30　span 元素使用效果

所有浏览器都支持<span>标签。span 没有固定的格式表现。当对它应用样式时，它才会产生视觉上的变化。

3.22　突出显示文本<mark></mark>

<mark>标签是 HTML 5 中的新标签，用于定义带有记号的文本，因此，在需要突出显示文本时使用<mark>标签，例如突出显示部分文本的示例代码：

```
01  <!DOCTYPE html>
02  <html lang="zh-CN">
03  <head>
04      <meta charset="UTF-8">
05      <meta content="width=device-width, initial-scale=1.0, maximum-scale=1.0, user-scalable=0"
      name="viewport" />
06      <meta content="yes" name="apple-mobile-web-app-capable" />
07      <meta content="black" name="apple-mobile-web-app-status-bar-style" />
08      <meta name="format-detection" content="telephone=no" />
09      <title>第 3 章</title>
10  </head>
11  <body>
12      <section>
13          <p>To <mark>亲爱的</mark>：忙了一年，辛苦了，我们一起去度个假。</p>
14          <p><img src="./img/vacation.png" width="250"></p>
15      </section>
16  <body>
17  </body>
18  </html>
```

在代码第 13 行中，使用了<mark>标记，是着重突出显示的文本内容。浏览器显示效果如图 3.31 所示。

图 3.31 　mark 元素使用效果

说明：目前，IE 8 以及更早的版本不支持<mark>标签，IE 9+、Firefox、Opera、Chrome 以及 Safari 支持<mark>标签。

第4章 显示图像

越来越多的网页更加注重设计化、体验化，几乎每张页面上都会使用图像。本章重点介绍网页使用图像相关的知识点，从图像格式开始，到图像的使用、语义化图像等，介绍了图像的几种常用的使用方法与使用场景。

本章主要涉及的知识点：

- 必须知道的图像格式
- 图像 img
- 语义化带标题的图片
- 提前载入图片
- 图像区域映射
- base64 格式的图片

4.1 必须知道的图像格式和压缩形式

我们先来介绍图像的一些基本概念。

1. 矢量图

矢量图，也称为面向对象的图像或绘图图像，是根据几何特性来绘制图形，在数学上定义为一系列由线连接的点。例如，一个圆可以通过它的圆心位置和半径来描述。存储矢量图的矢量文件中的图形元素可称为对象，每个对象都具有颜色、形状、轮廓、大小和屏幕位置等属性，矢量图的文件占用空间较小，因为这种类型的图像文件包含独立的分离图像，可以自由无限制重新组合。矢量图的特点是放大后图像不会失真，和分辨率无关，适用于图形设计、文字设计和一些标志设计、版式设计等。

2. 位图

位图图像也可称为点阵图像，是由单个像素点组成的，因此也可称为像素图。位图的像素点可以进行不同的排列，每一个点的颜色、深度、透明度等信息构成图样。扩大位图尺寸的效果是增大单个像素，可以看见整个图像的单个方块，会使线条和形状显得参差不齐，如果从稍远的位置观看它，位图图像的颜色和形状又显得是连续的。位图的优点是利于显示色彩层次丰富的写实图像，但缺点则是文件较大，放大和缩小图像会失真。尽管常常在页面中所使用的 JPG、PNG、GIF 格式的图像都是位图，都是通过记录像素点的数据来保存和显示图像，但这些不同格式的图像在记录这些数据时的方式却不一样，这就是有损压缩和无损压缩的区别。

3. 有损压缩图像

有损压缩图像是利用了人类对图像中的某些频率成分不敏感的特性，允许压缩过程中损失一定的不敏感信息，虽然不能完全恢复原始数据，但是所损失的部分对理解原始图像的影响较小。例如，人眼对光线的敏感度比对颜色的敏感度要高，生物实验证明当颜色缺失时人脑会利用与附近最接近的颜色来自动填补缺失的颜色，因此可通过一定程度地有损压缩去除图像中某些会对人眼不敏感的颜色细节，然后使用附近的颜色通过渐变或其他形式进行填充。JPEG/JPG 是最常见的采用有损压缩对图像信息进行处理的图片格式。

4. 无损压缩图像

相对于图像有损压缩损失部分不敏感数据的特点，图像无损压缩则会记录图像上每个像素点的数据信息，但为了压缩图像文件的大小会采取一些特殊的算法。无损压缩的原理是先判断图像上哪些区域的颜色是相同的，哪些是不同的，然后把这些相同的数据信息进行压缩记录，而把不同的数据再做保存。PNG 是最常见的采用无损压缩的图片格式。

网页中使用的图像可以是 JPEG、GIF、PNG、BMP、TIFF 等格式的图像文件，适当地在网页中使用美观的图片会给浏览网站的用户带来良好的视觉体验，给用户带来更直观的感受。但是网页上的图片如果过多，也会影响网站的浏览速度，所以要合理适当地使用图像。

JPEG/JPG 是网页中常见的图像格式，这种图片以 24 位颜色存储单个位图，支持数百万种颜色，因此适合于具有颜色过渡的图像或需要 256 种以上颜色的图像。JPEG 图像是真彩色图像，不支持透明和动画，是典型的有损压缩图像，支持隔行扫描。

GIF 也是网页中常见的图像格式，采用 LZW 压缩算法，最多可以包含 256 种颜色，同时还可以允许一个二进制类型的透明度和多个动画帧，因此 GIF 格式通常适用于卡通、徽标、包含透明区域的图形以及动画。GIF 格式最大的优点就是可以制作动态的图像，它可以将数张静态图片作为动画帧串联起来，转换成一个动画文件。

PNG 是网页中的通用格式，最多可以支持 32 位的颜色，可以包含透明度或 Alpha 通道。PNG 图像支持真彩色和调色板，支持完全的 Alpha 透明，支持动画。是无损压缩的典型代表。同时支持隔行扫描。需要注意的是在低版本浏览器中 PNG 图片的透明度需要采用特殊方法进行兼容。

对比不同格式图像的优缺点，可见选择图像是采用 JPG 还是 PNG 主要依据图像上的色彩层次和颜色数量，以及是否需要支持动画效果。一般层次丰富、颜色较多的图像采用 JPG 存储，而颜色简单对比强烈的则需要采用 PNG。但也会有一些特殊情况，例如有些图像尽管色彩层次丰富，但由于图片尺寸较小，上面包含的颜色数量有限时，也可以尝试用 PNG 进行存储。

4.2 图像<img>的超简应用

如果需要在网页中插入一幅图像，可以使用<img>标签，例如：

```
<img src="http://img3.douban.com/mpic/s27427521.jpg" alt="超使用 CSS 代码段" />
```

从以上代码示例中可以看出，<img>标签并不会在网页中插入图像，<img>标签创建的是被引用图像的占位空间，是从网页上链接图像。<img>标签有两个必需的属性，分别是 src 属性和 alt 属性。src 属性用于定义显示图像的 URL 地址，其地址可以是绝对地址也可以是相对地址；alt 属性用于定义图像的替代文本，当指定的 URL 的图像加载失败时，则显示该属性定义的文本，以提示用户此处本应显示的图片的内容。

完整代码如下：

```
01  <!DOCTYPE html>
02  <html lang="zh-CN">
03  <head>
04      <meta charset="UTF-8">
05      <meta content="width=device-width, initial-scale=1.0, maximum-scale=1.0, user-scalable=0"
name="viewport" />
06      <meta content="yes" name="apple-mobile-web-app-capable" />
07      <meta content="black" name="apple-mobile-web-app-status-bar-style" />
08      <meta name="format-detection" content="telephone=no" />
09      <title>4.2</title>
10  </head>
11  <body>
12      <div class="content">
13          <h1>超实用的 CSS 代码段</h1>
14          <img src="http://img3.douban.com/mpic/s27427521.jpg" alt="超使用 CSS 代码段" />
15      </div>
16
17  <body>
18  </body>
19  </html>
```

浏览器显示效果如图 4.1 所示。

图 4.1 通过 img 标签引入图像

4.3 语义化带标题的图片

如果通过 img 元素引入网页的图片需要带有标题，则可以使用 figure 和 figcaption 元素来语义化地表示该带标题的图片。

完整示例代码：

```
01  <!DOCTYPE html>
02  <html lang="zh-CN">
03  <head>
04      <meta charset="UTF-8">
05      <meta content="width=device-width, initial-scale=1.0, maximum-scale=1.0, user-scalable=0"
    name="viewport" />
06      <meta content="yes" name="apple-mobile-web-app-capable" />
07      <meta content="black" name="apple-mobile-web-app-status-bar-style" />
08      <meta name="format-detection" content="telephone=no" />
09      <title>4.3</title>
10      </head>
11  <body>
12      <div class="content">
13          <figure>
14              <p>作者: 赵荣娇 / 任建智</p>
15              <p>出版社: 电子工业出版社</p>
16              <img src="./img/supercss.jpg" alt="超实用 CSS 代码段" />
17              <figcaption>
18                  <p>这超实用的 CSS 代码段的封面</p>
19              </figcaption>
20          </figure>
21      </div>
22
23  <body>
24  </body>
25  </html>
```

<figure> 标签用于对元素进行组合，是 HTML 5 中的新标签。使用 <figcaption>元素为元素组添加标题，且 figcaption 元素应该置于 figure 元素的第一个或最后一个子元素的位置。

<figure>标签的一个显著特点，就是其定义的是独立的流内容，如图像、图表、照片、代码等，figure 元素的内容应该与主内容相关，如果删除该元素，则不应对文档流产生影响。

浏览器显示效果如图 4.2 所示。

图 4.2　语义化带标题的图片

注意： IE 8 以及更低版本浏览器不支持<figure>标签。

4.4　提前载入图片

为了提高网站的用户体验，在开发时经常需要在某个页面实现对大量图片的浏览。如果已经尽可能地减少网页上的图片数量了，仍然希望得到能够在看某一个功能时再看下一个功能点时，在这个时间间隙将某处的图片预加载，使得浏览更加流畅。

例如，幻灯片效果中，翻到第一张图片，要让图片轮换的时候不出现等待，最好是先把图片下载到本地，让浏览器缓存起来，常用的方法是使用 JavaScript 的 Image 对象，例如：

```
<script>
function preLoadImg(url) {
    var img = new Image();
    img.src = url;
}
</script>
```

以上代码定义了 preLoadImg 方法，传入图片的地址 URL 参数，就能使图片预先下载下来了。实际上，图片预下载下来后，通过 img 变量的 width 和 height 属性，就能知道图片的宽和高了，把图片放在一个固定大小的 HTML 容器里显示出来。但是需要考虑到，在做图片浏览器功能时，图片是同步显示的，例如当点了显示的按钮，这时候才会调用预加载函数加载图片。因此，同步方法在需要提前知道图片宽度时，图片还没有完全下载下来，无法取得图片信息。此时，需要采用异步的方法，等到图片下载完毕的时候再对 img 的 width 和 height 进行调用，具体方法如下代码：

```
01  <script>
02  function loadImage(url, callback) {
03      var img = new Image();        // 创建一个 Image 对象，实现图片的预下载
04      img.src = url;
05
06      if (img.complete) {           // 如果图片已经存在于浏览器缓存，直接调用回调函数
07          callback.call(img);
08          return;                   // 直接返回，不用再处理 onload 事件
09      }
10
11      img.onload = function () {    // 图片下载完成时异步调用 callback 函数
12          callback.call(img);       // 将回调函数的 this 替换为 Image 对象
13      };
14  };
15  </script>
```

当图片加载过一次以后，如果再有对该图片的请求时，由于浏览器已经缓存这张图片了，不会再发起一次新的请求，而是直接从缓存中载入图片。

4.5　图像区域映射

带有可点击区域的图像映射是通过 map 元素来实现的，同时 area 元素嵌套在 map 元素内部，可定义图像映射中的区域。

map 元素的格式如下：

```
<map name="examplemap" id="examplemap">
  <area shape="circle" coords="180,139,14" href ="example.html" alt="example" />
  ……
</map>
```

area 的格式如下：

```
<area shape="circle" coords="129,161,10" href ="/example/html/mercur.html" target ="_blank"
    alt="Mercury" />
```

area 标记主要用于在图像地图中设定作用区域（又称为热点），这样当用户的鼠标移到指定的作用区域单击时，会自动链接到预先设定好的页面。shape 和 coords 是两个主要的参数，用于设定热点的形状和大小。shape 属性定义 required 形状，coords 属性定义了客户端图像映射中对鼠标敏感的区域的坐标。坐标的数字及其含义取决于 shape 属性中决定的区域形状。可以将客户端图像映射中的超链接区域定义为矩形、圆形或多边形等。其基本用法如下：

```
<area shape="rect" coords="x1, y1,x2,y2" href="url">
```

表示设定热点的形状为矩形，左上角顶点坐标为（x1,y1），右下角顶点坐标为（x2,y2）。

`<area shape="circle" coords="x1, y1,r" href=url>`

表示设定热点的形状为圆形，圆心坐标为（x1,y1），半径为 r。

`<area shape="poligon" coords="x1, y1,x2,y2 ......" href=url>`

表示设定热点的形状为多边形，各顶点坐标依次为（x1,y1）、（x2,y2）、（x3,y3）……等。

同一"图像地图"中的所有热点区域都要在图像地图的范围内，因此所有<area>标记均要在<map>与</map>之间。完整示例代码如下：

```
01  <!DOCTYPE html>
02  <html lang="zh-CN">
03  <head>
04      <meta charset="UTF-8">
05      <meta content="width=device-width, initial-scale=1.0, maximum-scale=1.0, user-scalable=0"
name="viewport" />
06      <meta content="yes" name="apple-mobile-web-app-capable" />
07      <meta content="black" name="apple-mobile-web-app-status-bar-style" />
08      <meta name="format-detection" content="telephone=no" />
09      <title>4.5</title>
10      </head>
11  <body>
12      <div class="content">
13          <img src="./img/newyear.png" border="0" usemap="#newyearmap" alt="春节大促" />
14          <map name="newyearmap" id="newyearmap">
15              <area shape="circle" coords="20,20,15" href ="http://trip.taobao.com/market/trip/
act/trip2015/spring-festival.php#yz" alt="亚洲专区" />
16              <area shape="rect" coords="320,0,440,50" href ="http://trip.taobao.com/market/
trip/act/trip2015/spring-festival.php#hd" alt="温暖海岛" />
17              <area shape="rect" coords="440,0,560,50" href ="http://trip.taobao.com/market/
trip/act/trip2015/spring-festival.php#gn" alt="国内度假" />
18              <area shape="rect" coords="560,0,680,50" href ="http://trip.taobao.com/market/
trip/act/trip2015/spring-festival.php#zby" alt="周边游" />
19              <area shape="rect" coords="680,0,800,50" href ="http://trip.taobao.com/market/
trip/act/trip2015/spring-festival.php#omax" alt="欧美澳非" />
20              <area shape="rect" coords="800,0,920,50" href ="http://trip.taobao.com/market/
trip/act/trip2015/spring-festival.php#jhs" alt="聚划算" />
21          </map>
22      </div>
23
24  <body>
25  </body>
```

```
26    </html>
```

img 元素中的 usemap 属性引用 map 元素中的 id 或 name 属性。

浏览器显示效果如图 4.3 所示。

图 4.3   图像区域映射

注意： 如果某个 area 标签中的坐标和其他区域发生了重叠，会优先采用最先出现的 area 标签。浏览器会忽略超过图像边界范围之外的坐标。

4.6   使用 base64:URL 格式的图片

先来看一个案例，有些图片的 src 属性或 CSS 背景图片的 URL 是一大串字符，例如：

```
<img  src="data:image/png;base64,iVBORw0KGgoAAAANSUhEUgAAACsAAAAzCAMAAAA5Bg-
    EEAAAAS1BMV … spW1JLFJUtp+6KPXXRfmHmVNXKVqehxdpZ/KJrYUvnf759AgbUIlrJ5Y2-
    bAAAAAEIFTkSuQmCC" alt="春节大促">
```

这便是使用 base64:URL 传输图片文件的案例。以上代码中 img 的 src 属性的值其实是一张小图片，data 表示取得数据的协定名称，image/png 是数据类型名称，base64 是数据的编码方法，逗号后面就是 image/png 文件 base64 编码后的具体数据内容。

目前，IE 8、Firfox、Chrome、Opera 浏览器都支持这种小文件嵌入，但是 IE 8 对 base64 的解码有限制，如果图片进行 64 位编码后大于 32K，则超过 32K 的部分不能被解码，因此小一点的图片能显示一半左右，高清图片则完全不能显示。。

使用 base64:URL 传输图片文件的优点在于不仅减少了 HTTP 请求，而且某些文件可以避免跨域的问题，这对于 canvas 保存为 img 的时候尤其有用。同时，不受浏览器缓存的影响，一旦图片更新要重新上传，不需要清理缓存。

但是 base64 的局限性在于浏览器兼容性的问题，并非所有浏览器都支持。同时，增加了 HTML、CSS 文件的大小，base64 编码图片本质上是将图片的二进制大小以一些字母的形式展示，例如一张 1024 字节的图片，base64 编码后至少 1024 个字符，这个大小会被完全嵌入到 CSS 文件中。

权衡 base64 的优缺点，可以适当选择一些无法以 CSS Sprite 只能独立存在、更新频率极低等特点的图片进行 base64 编码。示例代码如下：

```
01    <!DOCTYPE html>
02    <html lang="zh-CN">
```

```
03  <head>
04      <meta charset="UTF-8">
05      <meta content="width=device-width, initial-scale=1.0, maximum-scale=1.0, user-scalable=0"
    name="viewport" />
06      <meta content="yes" name="apple-mobile-web-app-capable" />
07      <meta content="black" name="apple-mobile-web-app-status-bar-style" />
08      <meta name="format-detection" content="telephone=no" />
09      <title>4.5</title>
10      <style type="text/css">
11      .act-mod-title-line {
12          color:#c50020;
13          background:#ffaf3c;
14          display: -webkit-box;
15          padding: 0 10px;
16          height: 30px;
17          linc hoight: 30px;
18          font-size: 20px;
19          font-weight: bold;
20          color: #9f1511;
21          background: #f93;
22          margin-bottom: 5px
23      }
24
25      .act-mod-title-line span {
26          text-align: center
27      }
28
29      .act-mod-title-line span a {
30          color: inherit;
31          text-decoration: none
32      }
33
34      .act-mod-title-line span:first-child,.act-mod-title-line span:last-child {
35          display: block;
36          -webkit-box-flex: 1;
37          width: 1%
37      }
38
39      .act-mod-title-line span:first-child {
40          background: url(data:image/png;base64,iVBORw0KGgoAAAANSUhEUgAAACsAAAAz-
    CAMAAAA5BgEEAAAAS1BMVEUAAAD/ETj/ETj/ETj/ETj/ETj/ETj/ETj/ETj/ETj/ETj/ETj/ETj
    /ETj/ETj/ETj/ETj/ETj/ETj/ETj/ETj/ZgD/ETiOGU9eAAAAF3RSTIMA+zZS8bzg0Z2IeEILA7
    WolhJgFXRoKnvacxgAAAADESURBVEjH7dLbCsMgDIBhz1Z7breZ93/SMYuEliMZld1sP0h78
```

```
SEBIzC1CGbDAhOTKgdcGyUAWBbt4JVnWZetHDh2hpzm2C1T3sC7/ODi6bCmZ9gejmRYa
eyhaBuilt5NAkZNEgBThB1ntFpQOJpiO0G2bvPBpWJtcX/rrDdGi38/21q9fkpv6Gil4toA4Hae1
bjdlH3k9da1Tbnzdt89gBspW1JLFJUtp+6KPXXRfmHmVNXKVqehxdpZ/KJrYUvnf759AgbUIL
rJ5Y2bAAAAAEIFTkSuQmCC) no-repeat center right;
41          background-size: auto 25px
42      }
43
44      .act-mod-title-line span:last-child {
45          background: url(data:image/png;base64,iVBORw0KGgoAAAANSUhEUgAAADoAAAAv-
BAMAAABAjsQzAAAAJ1BMVEUAAAD/ETj/ETj/ETj/ETj/ETj/ETj/ETj/ETj/ETj/ETj/ZgD/ETjXgN
tvAAAAC3RSTIMAIuW/pW4Rh0BPMX4cIp0AAABxSURBVDjLY9gNAIASA2DKYYqpgAMmQI
7sbAsiTBUMyZaGAHFkGmLnkyUIAIVmq2ZwRaAQ3GyaLkDpz5gwu2TNgggOAPmCwDFtlR
MLRAAV7Z43hlzwjglT2IV/aMA17ZI/hkgZrxyh7EJ2u6ALes4jQ0AQBK9oCQ2NyFjgAAAABJR
U5ErkJggg==) no-repeat center left;
46          background-size: auto 24px
47      }
48
49      .act-mod-title-line span:nth-child(2) {
50          padding: 0 12px 8px;
51          background:   url(data:image/png;base64,iVBORw0KGgoAAAANSUhEUgAAAAcAAAA-
FBAMAAAB7tOvrAAAAHIBMVEUAAAD/ETj/ETj/ETj/ETj/ETj/ETj/ETj/ETj/ETgkWwGtAAAAC
XRSTIMA881nM5qYDQzB31EZAAAAHEIEQVQI12PQnDIzAoMliGgEEWwzRR0YWJQLGAB
xZQe1fju+7wAAAABJRU5ErkJggg==) no-repeat center bottom;
52          background-size: auto 3px;
53          font-weight: bold
54      }
55      </style>
56      </head>
57  <body>
58      <div class="content">
59          <!-- 模块 1 -->
60          <div class="act-mod-title-line J_mainListNewYear">
61              <span></span>
62              <span class="line-title">春节爆款</span>
63              <span></span>
64          </div>
65          <!-- 模块 2 -->
66          <div class="act-mod-title-line J_mainListNewYear">
67              <span></span>
68              <span class="line-title">欧美澳非</span>
69              <span></span>
70          </div>
71
```

```
72        </div>
73
74  <body>
75  </body>
76  </html>
```

以上代码中，示例了当一个页面中有较多类似模块，且每个模块的模块标题样式都相同，只是具体内容不同，且标题的背景图使用同一张，且文件较小，示例中代码第 41 行、第 46 行演示了使用 base64 格式图像作为背景图的使用方法。

浏览器显示效果如图 4.4 所示。

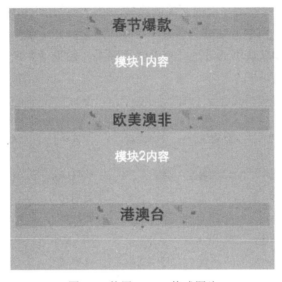

图 4.4 使用 base64 格式图片

第 5 章　生成超链接

　　超链接是网站中使用较频繁的 HTML 元素之一，因为网站的各种页面都是通过超链接联系起来的，通过超链接完成了页面之间的跳转。超链接是用户和服务器交互的主要手段。我们浏览网页的时候，当单击某段文字或图片时，就会打开一个新的网页，这即是使用了超链接。例如浏览器的默认页通常是一个导航类网页（如图 5.1 所示），当你单击某个链接后就会打开新的网页。

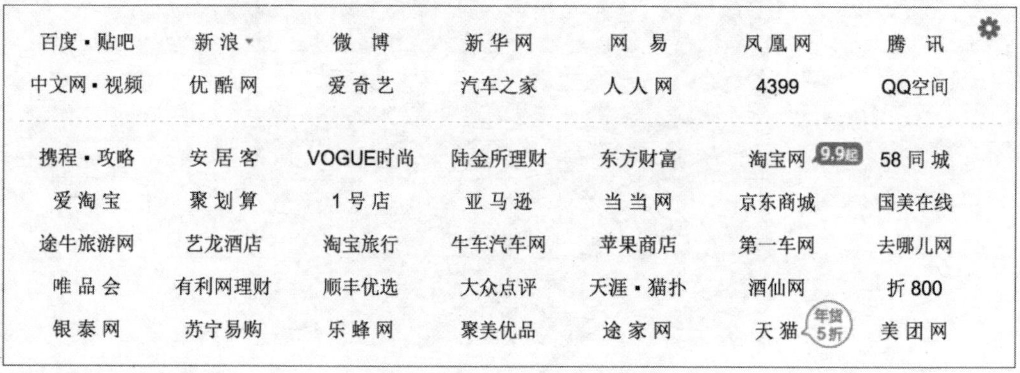

百度·贴吧	新浪 ▾	微　博	新华网	网　易	凤凰网	腾　讯
中文网·视频	优酷网	爱奇艺	汽车之家	人人网	4399	QQ空间
携程·攻略	安居客	VOGUE时尚	陆金所理财	东方财富	淘宝网 9.9起	58 同城
爱淘宝	聚划算	1 号店	亚马逊	当当网	京东商城	国美在线
途牛旅游网	艺龙酒店	淘宝旅行	牛车汽车网	苹果商店	第一车网	去哪儿网
唯品会	有利网理财	顺丰优选	大众点评	天涯·猫扑	酒仙网	折 800
银泰网	苏宁易购	乐蜂网	聚美优品	途家网	天猫 年货5折	美团网

图 5.1　Firefox 浏览器默认导航的超链接示例

　　所谓的超链接是指从一个网页指向一个目标的连接关系，这个目标可以是另一个网页（可以是同一个站点的网页，也可以是不同站点的网页），也可以是相同网页上的不同位置，还可以是图片、电子邮件地址等。因此，通过超链接可以使得一个 Web 页面同其他网页或网站的页面之间进行连接。当用户单击已经链接的文字或图片后，链接目标将显示在浏览器上，并且根据目标的类型来打开。本章将详细介绍超链接的生成、使用以及不同的使用场景。

　　本章主要涉及的知识点：

- 生成指向外部的超链接
- 使用相对 URL
- 生成内部超链接
- 设定浏览环境
- 图像链接
- 电子邮件链接
- 跳出框架

5.1　生成指向外部的超链接

超链接标签<a>的 href 属性可用于指定目标地址。通过将 href 属性设定不同类型的值，可以定义超链接指向不同类型的链接地址：

- 内部链接
- 外部链接
- 锚链接

内部链接指同一域名网站内部页面的相互链接。外部链接是指从某一域名的网页上指向外部域名网站的链接。锚链接又称锚文本，是指从某个域名外部所有以文字带超链接指向这个域名的链接，是影响网站关键词在搜索引擎中排名的主要因素。

指向外部的超链接可以使用绝对地址来定义 href 的值，例如指向超实用 HTML 代码的 GitHub 的超链接：

```
<a href=" https://github.com/yinqiao/superhtml ">Super HTML</a>
```

5.2　使用相对 URL

HTML 文档中有两种路径的写法，即相对路径和绝对路径。HTML 相对路径是指同一个目录的文件引用，例如源文件和引用文件在同一个目录里，直接写引用文件名即可：

```
<div class="content">
    <a href="5-1.html">超实用的 CSS 代码段第 5 章第 1 节示例代码</a>
</div>
```

使用../表示源文件所在目录的上一级目录，../../表示源文件所在目录的上上级目录，以此类推。例如定义指向引用上级目录中的 4 文件夹下的 4-2.html 文件的方法：

```
<div class="content">
    <a href="../4/4-2.html">超实用的 CSS 代码段第 4 章第 2 节示例代码</a>
</div>
```

引用下级目录的文件，直接写下级目录文件的路径即可，例如指向下级图片目录下的图像：

```
<div class="content">
    <a href="./img/rose.png">情人节快乐</a>
</div>
```

HTML 绝对路径即指带域名的文件的完整路径。例如，指向超级实用 HTML 代码段的 GitHub 链接地址即可使用绝对路径来定义：

```
<div class="content">
    <a href="https://github.com/yinqiao/superhtml">超实用的 HTML 代码段</a>
</div>
```

5.3　生成页面内超链接

有时一张页面上内容较丰富、长度较长，用户查找内容比较困难。通过生成页面内的超链接，用作用户导航，可以解决这个问题。

页面内的超链接有时也称作锚链接，实际是用于在单个页面内不同位置的跳转，类似于书签的功能，用户不需要反复拖动浏览器的滚动条进行定位。例如，在某次大型特卖页面上，商品内容较多，便可通过锚点将商品根据不同的分类做成页面内的超链接进行导航，实现效果如图 5.2 所示。

图 5.2　页面内部锚点导航效果

为了实现图 5.2 的导航效果，通过超链接<a>标签的 name 属性可用于定义锚的名称，一个页面可以定义多个锚，通过超链接的 href 属性可以根据 name 跳转到对应的锚。实例代码如下：

```
01  <!DOCTYPE html>
02  <html lang="zh-CN">
```

```
03  <head>
04      <meta charset="UTF-8">
05      <meta content="width=device-width, initial-scale=1.0, maximum-scale=1.0, user-scalable=0"
    name="viewport" />
06      <meta content="yes" name="apple-mobile-web-app-capable" />
07      <meta content="black" name="apple-mobile-web-app-status-bar-style" />
08      <meta name="format-detection" content="telephone=no" />
09      <title>第 5 章</title>
10      <style type="text/css">
11      .left-lift {
12          position: fixed;
13          left: 0;
14          top: 10px;
15      }
16      .merchant {
17          width: 990px;
18          margin: 0 auto;
19          height: 500px;
20          border: 1px solid red;
21      }
22      </style>
23  </head>
24  <body>
25      <div class="content">
26          <div class="left-lift" id="J_LeftLift">
27              <h3>主会场</h3>
28              <ul>
29                  <li><a href="#omaf">欧美澳非</a></li>
30                  <li><a href="#yzhd">亚洲海岛</a></li>
31                  <li><a href="#gnly">国内旅游</a></li>
32                  <li><a href="#lyfq">0 元分期</a></li>
33                  <li><a href="#gnjp">国际机票</a></li>
34                  <li><a href="#gnjp">国内机票</a></li>
35                  <li><a href="#jdkz">酒店客栈</a></li>
36                  <li><a href="#jdmp">景点门票</a></li>
37                  <li><a href="#tgzc">团购专场</a></li>
38                  <li></li>
39              </ul>
40          </div>
41
42          <div class="merchant"><a href="javascript:;" name="omaf">欧美澳非</a></div>
43          <div class="merchant"><a href="javascript:;" name="yzhd">亚洲海岛</a></div>
44          <div class="merchant"><a href="javascript:;" name="gnly">国内旅游</a></div>
```

```
45          <div class="merchant"><a href="javascript:;" name="lyfq">0 元分期</a></div>
46          <div class="merchant"><a href="javascript:;" name="gjjp">国际机票</a></div>
47          <div class="merchant"><a href="javascript:;" name="gnjp">国内机票</a></div>
48          <div class="merchant"><a href="javascript:;" name="jdkz">酒店客栈</a></div>
49          <div class="merchant"><a href="javascript:;" name="jdmp">景点门票</a></div>
50          <div class="merchant"><a href="javascript:;" name="tgzc">团购专场</a></div>
51
52      </div>
53  <body>
54  </body>
55  </html>
```

代码第 42~50 行通过<a>标签的 name 属性，分别定义了内容的模块名称；代码第 29~38 行，通过<a>标签的 href 属性，设定值为需要定位到的对应模块的对应的名称。通过单击锚点，即可将页面定位至该页面内对应的模块。

5.4　图像链接

很多情况下，我们不仅仅需要文字链接，还需要图像链接。图像链接的原理与文字链接的原理类似，只是<a>标签的内容是一幅图片，例如添加一幅图片的代码如下：

```
<img src="img/rose.png"/ alt="rose">
```

为该图片添加链接后如下：

```
<a href="rose.htm"><img src="img/rose.png"/ alt="rose"></a>
```

超链接的图片没有通过文字的形式描述所要链接的内容，超链接标签提供了 title 属性能很方便地给浏览者做出提示。title 属性的值即为提示内容，当浏览者的光标停留在超链接上时，提示内容才会出现，这样不会影响页面排版的整洁。

例如，为<a>标签添加 title 属性：

```
<a href="rose.htm" title="他为她在情人节准备的精美的玫瑰花"><img width="300" src="img/
    rose.png"/ alt="rose"></a>
```

如果需要在用户单击图片时能打开一个网站的链接，并且重新打开一个窗口，实现代码如下：

```
<a href="rose.htm" target="_blank" title="他为她在情人节准备的精美的玫瑰花"><img width="300"
    src="img/rose.png"/ alt="rose"></a>
```

实现效果如图 5.3 所示。

图 5.3　图片链接

5.5　电子邮件链接

超链接还可以进一步扩展网页的功能，比较常用的有电子邮件、FTP 以及 Telnet 连接。完成以上的功能只需要修改超链接的 href 值。

事实上，超链接的基本格式是：

scheme://host[:post]/path/filename

其中，scheme 指的是 http、ftp、file、mailto、news、gopher、telnet 等 7 种协议；host 指的是 IP 地址或计算机名称；post 指的是服务器端口；path 指的是文件路径；filename 指的是文件名。

电子邮件链接的示例代码如下：

```
<p><a href="mailto:example@example.com">send me an email</a></p>
```

如果电脑安装了邮箱客户端，就能打开邮箱并弹出写信给 example @ example.com 界面，实现效果如图 5.4 所示。

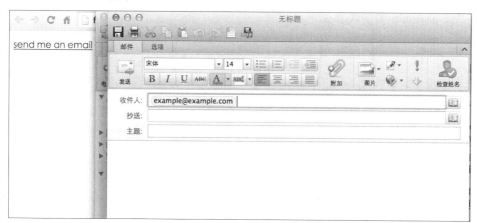

图 5.4　电子邮件链接

5.6　设定浏览环境

默认情况下，超链接打开新页面的方式是在当前窗口打开。根据用户的不同需要，可以指定超链接打开新窗口的其他方式。通过设置超链接<a>标签的 target 属性，该属性可取值如下。

- _self：当前窗口打开新页面，是默认目标的打开方式。
- _blank：创建新窗口打开新页面，浏览器总在一个新打开、未命名的窗口中载入目标文档。
- _top：在浏览器的整个窗口打开，将会忽略所有的框架结构。
- _parent：在上一级窗口打开，如果这个引用是在窗口或者在顶级框架中，那么它与目标_self 等效。
- Framename：在指定的框架中打开被链接文档。

其中_top 和_parent 的方式主要用于框架页面，将在 5.7 节中进一步讲解。

5.7　在框架中打开

不用打开一个完整的浏览器窗口，使用 target 更通常的方法是在一个<frameset>显示中将超链接内容定向到一个或者多个框架中。可以将这个内容列表放入一个带有两个框架的文档的其中一个框架中，并用这个相邻的框架来显示选定的文档，例如：

```html
<frameset cols="100,*">
  <frame src="nav.html">
  <frame src="pref.html" name="my_frame">
</frameset>
```

其中，nav.html 中的内容如下：

```html
<h3>这里是第一个框架的内容，即导航：</h3>
<ul>
  <li><a href="pref.html" target=" my_frame ">Preface</a></li>
  <li><a href="chap1.html" target="my_frame ">Chapter 1</a></li>
  <li><a href="chap2.html" target="my_frame ">Chapter 2</a></li>
  <li><a href="chap3.html" target="my_frame ">Chapter 3</a></li>
</ul>
```

我们注意到 nav.html 中的<a>标签的 target 的属性均设定为 my_frame，也就是第二个框架。当用户在第二个框架中单击链接时，浏览器会将这个关联的文档载入并显示在第二个 my_frame 框架中。当第一个框架中其他链接被选中时，第二个这个框架中的内容也会发生变化，而第一个这个框架始终保持不变。

单击第一个框架内的链接之前效果如图 5.5 所示。

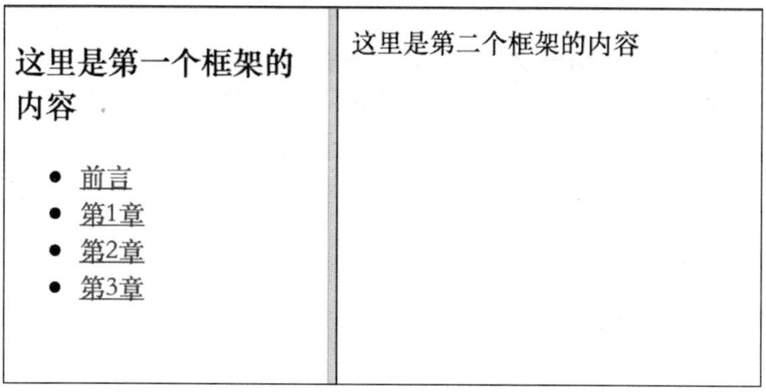

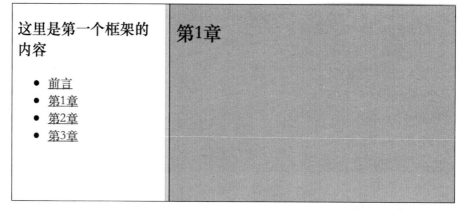

图 5.5 在框架中打开链接

单击第一个框架内的链接之后效果如图 5.6 所示。

图 5.6 在框架中打开链接

第 6 章　组织文字内容

网页的外观是否美观，很大程度上取决于其排版。在页面中出现大段的文字，通常采用分段进行规划，对换行也有极其严格的划分。本节从段落的细节设置入手，使读者学习后能利用标签自如地处理大段的文字。

本章主要涉及的知识点：

- 建立段落\<p\>
- 使用\<div\>
- 使用预先编排好格式的内容\<pre\>
- 引用他处内容\<blockquote\>
- 添加主题分隔\<hr\>
- 将内容组织为列表
- 有序列表\<ol\>
- 无序列表\<ul\>
- 定义列表\<dl\>
- 定义列表\<li\>
- 菜单列表\<menu\>
- 下拉列表\<datalist\>
- 对话框\<dialog\>

6.1　段落

许多用户有写博客的习惯，而段落是文章中最基本的单位，具有换行另起的明显标志，便于读者阅读、理解和回味。大量的文章以段落的形式进行排版，标签\<p\>可用于简历段落。如果你查看源码，就会发现，博客中往往隐藏着大量的\<p\>标签。其中 p 是 Paragraph（段落）的缩写，使用\<p\>～\</p\>可以用来包裹文章的段落的主体内容。

表 6.1 中列出了段落\<p\>标签的基本属性及其作用。

表 6.1 <p>的基本属性及其作用

属性	作用
class=class	设置类属性
id=id	设置ID属性
style=style	设置行内样式
title=title	设置标题
dir=dir	设置段落文字的显示方向
lang=lang	设置语言种类
accesskey=key	设置快捷键
tabindex=n	设置Tab键在控件中的移动顺序
contenteditable=bool	设置元素是否可编辑
contextmenu=id	指定context menu
draggable=bool	设置是否可拖拽
dropzone=value	设置是否可拖放
hidden	设置隐藏元素
spellcheck=bool	检查语法拼写
IE扩展属性	用于设定IE扩展属性

目前，所有主流浏览器都支持<p>标签。以下代码标记了一个段落：

```
01  <div class="content">
02      <p>这是段落二。
03      这是一个段落标记的使用示范。
04      段落标记是非常常用的标记之一。
05      使用段落标记，可以有效地划分段落。</p>
06      <p>这是段落二。          你所看见的这里,              这里正是文章的主体内容,
        你可以在这里书写大篇幅的文字说明,                       并以正确的句号结尾。
07      </p>
08      <p>
09      这是段落三。这里也是文章的主体内容，你可以在这里插入图片。
10      <img src="./img/bear.jpg">
11      </p>
12  </div>
```

浏览器展示效果如图 6.1 所示。

从图 6.1 可以看出，段落 p 元素会自动在其前后创建一些空白，因此 p 元素是块级元素。浏览器会自动添加这些空间，当然也可以在样式表中规定。

代码第 2~5 行中，在 p 元素内部的文字上增加换行，但是没有增加对应的换行源代码，在图 6.1 中可以看出这些换行被浏览器忽略。

同理，在代码第 6 行中，添加的许多空格也同样被浏览器忽略。因此，浏览器忽略了 p 标签内部源代码中的排版（省略了多余的空格和换行）。

图 6.1　段落使用效果

段落的行数依赖于浏览器窗口的大小。如果调节浏览器窗口的大小，将改变段落中的行数。

可以只在块元素内建立段落，也可以把段落和其他段落<p>、列表<ul>、表单<form>和预定义格式<pre>的文本一起使用。整体来说，这意味着段落可以在任何有合适的文本流的地方出现，例如文档的主体中、列表的元素内等。

从技术角度讲，段落不可以出现在头部、锚或者其他严格要求内容必须只能是文本的地方。实际上，多数浏览器都忽略了这个限制，它们会把段落作为所含元素的内容一起格式化。

6.2　页面主体的结构化布局

页面主体的布局是设计师们津津乐道的。常见的页面布局有通栏式、两栏式、三栏式等。例如，通常在无线端页面采用通栏式布局，如图 6.2 所示。

图 6.2　通栏

在阿里旅行·去啊首页的景点门票楼层，采用通栏加三栏混排的模式，如图 6.3 所示。

图 6.3　通栏 + 三栏混排

要实现这些复杂的排版，离不开 div。div 的全称是 division，div 元素是用来为 HTML 文档内块级内容提供结构化的。div 的起始标签和结束标签之间的所有内容都是用来构成该块级元素的，其中所包含元素的特性由 div 标签的属性来控制，或者是通过使用样式表格式化该块级元素来进行控制。div 标签又可称为区隔标记，其作用是设定字、画、表格等的摆放位置。

<div>标签可以把文档分割为独立的、不同的部分。它可以用作严格的组织工具，并且不使用任何格式与其关联。如果用 id 或 class 来标记<div>，那么该标签的作用会变得更加有效。

所有主流浏览器都支持<div>标签。div 标签应用于样式表方面会更加灵活，给设计者赋予另一种组织页面结构的能力，有 Class、Style、title、ID 等属性。

<div>是一个块级元素。这意味着它的内容自动地开始一个新行。实际上，换行是<div>固有的唯一格式表现。可以通过<div>的 class 或 id 应用额外的样式。

示例代码：

```
<div class="header">
01          <h1>这里是属于我们的故事</h1>
02     </div>
03
04     <div class="content">
05
06          <p>记录我们的点点滴滴......</p>
07
08          <div class="news">
09               <h2>一起去旅行</h2>
10               <p>一起去天涯海角、海角七号</p>
11               <p>
12                    <a href=" shuoming.php" class="product-item" target="_blank" title="办签证就选阿里旅行">
```

```
13                        <img src="./img/XX-190-158.jpg" alt="办签证就选阿里旅行" class=
    "item-img">
14                  </a>
15            </p>
16      </div>
17
18      <div class="news">
19            <h2>一起去浪漫</h2>
20            <p>
21                  <div class="side-ad">
22                        <a href=" maldives.php" class="product-item" target="_blank" title="马
    尔代夫">
23                              <img src="./img/190-158.jpeg " alt="马尔代夫" class="item-img">
24                        </a>
25
26                  </div>
27            </p>
28      </div>
29  </div>
```

　　上面这段 HTML 结构中，每个 div 把相关的标题和摘要组合在一起，也就是说，div 为文档添加了额外的结构。同时，由于这些 div 属于同一类元素，所以可以使用 class="news" 对这些 div 进行标识，这么做不仅为 div 添加了合适的语义，而且便于进一步使用样式对 div 进行格式化，可谓一举两得。

　　浏览器展示效果如图 6.4 所示。

图 6.4　div 的使用效果

<div>元素的另一个常见的用途是文档布局。它取代了使用表格定义布局的方法。使用 <table>元素进行文档布局不是表格的正确用法。<table>元素的作用是显示表格化的数据。

可以通过<div>和<span>将 HTML 元素组合起来。<span>元素是内联元素，可用作文本的容器。<span>元素也没有特定的含义，当与 CSS 一同使用时，<span>元素可用于为部分文本设置样式属性。

6.3 使用预先编排好格式的内容

在 Github 上，常常会查阅一些源码内容，这些代码的格式通常是以预先编排好的格式展示出来。例如图 6.5 所示。 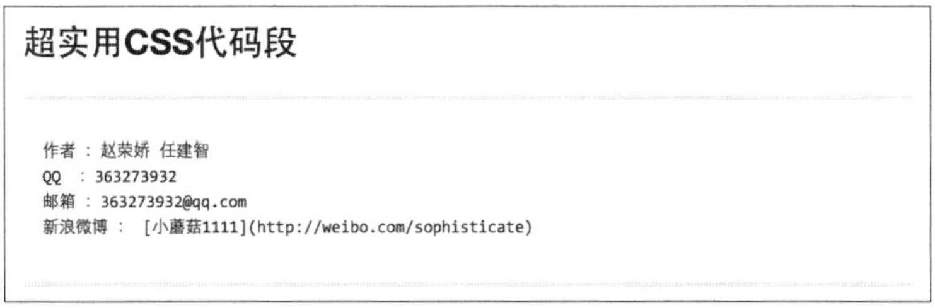

超实用CSS代码段

作者：赵荣娇 任建智
QQ ：363273932
邮箱：363273932@qq.com
新浪微博： [小蘑菇1111](http://weibo.com/sophisticate)

图 6.5 预先编排好格式的使用效果

查看源码，可以看出使用的是<pre>标签，如图 6.6 所示。

```
▼<pre>
  ▼<code>
     "作者：赵荣娇 任建智
     QQ ：363273932
     邮箱：363273932@qq.com
     新浪微博： [小蘑菇1111](http://weibo.com/sophisticate)
     "
  </code>
</pre>
▶<hr>...</hr>
```

图 6.6 pre 元素的使用效果

pre 元素可定义预格式化的文本。被包围在 pre 元素中的文本通常会保留空格和换行符。而文本也会呈现为等宽字体。<pre>标签的一个常见应用就是用来表示计算机的源代码。有时需要在浏览器中显示计算机中的源代码，可以使用<pre>标签来显示非常规的格式化内容。例如有如下示例代码：

```
<div class="content">
01      <pre>
02          &lt;html&gt;
03          &lt;head&gt;
04          &lt;script type=&quot;text/javascript&quot; src=&quot;loadxmldoc.js&quot;&gt;
05          &lt;/script&gt;
06          &lt;/head&gt;
```

```
07              &lt;body&gt;
08              &lt;script type=&quot;text/javascript&quot;&gt;
09              xmlDoc=&lt;<font
10 color="blue">a href="dom_loadxmldoc.asp"&gt;loadXMLDoc&lt;/a&gt;</font>
(&quot;books.xml&quot;);
12              document.write(&quot;xmlDoc is loaded, ready for use&quot;);
13              &lt;/script&gt;
14              &lt;/body&gt;
15              &lt;/html&gt;
16      </pre>
17  </div>
```

浏览器显示效果如图 6.7 所示。

图 6.7　pre 元素的使用效果

目前所有浏览器都支持<pre>标签。从图 6.7 中可以看出，被包围在 pre 元素中的文本通常会保留空格和换行符，而文本也会呈现为等宽字体。

为了使包含在 pre 元素中的文本内容能正确换行，通常需配上如下样式代码：

```
01  <style type="text/css">
02      pre{
03          white-space: pre-wrap;
04          white-space: -moz-pre-wrap;
05          white-space: -pre-wrap;
06          white-space: -o-pre-wrap;
07          word-wrap: break-word;
08      }
09  </style>
```

块元素可以导致段落断开的标签（例如标题 H1~H6、<p>和<address>标签）绝不能包含在<pre>所定义的块里。尽管有些浏览器会把段落结束标签解释为简单的换行，但是这种行为在所有浏览器上并不都是一样的。

pre 元素中允许的文本可以包括物理样式和基于内容的样式变化，还有链接、图像和水平分隔线。当把其他标签（如<a>标签）放到<pre>块中时，类似于放置在 HTML 文档的其他部分中。

注意： 制表符（Tab）在<pre>标签定义的块当中可以起到应有的作用，每个制表符占据 8 个字符的位置。但是我们不推荐使用制表符 Tab，因为在不同的浏览器中，Tab 的实现各不相同。在用<pre>标签格式化的文档段中使用空格，可以确保文本正确的水平位置。

此外，如果希望使用<pre>标签来定义计算机源代码，比如 HTML 源代码，请使用符号实体来表示特殊字符，例如"<" 代表 "<"，">" 代表 ">"，"&" 代表 "&"。

最新的 HTML 5 规范定义了可以省略结束标签的标签，如<p></p>标签可以写成<p>标签，将结束标签省略。pre 标签和 code 标签也类似可以省略结束标签的标签，在 HTML 5 标准下可书写如下代码：

```
<pre>
    <code>
        hello world
```

火狐和 IE 9+，以及 Chrome 都能正确解析。

6.4 引用他处内容

写文章时，有意引用成语、诗句、格言、典故等，以表达自己想要表达的思想感情，说明自己对新问题、新道理的见解，这种修辞手法叫引用。在 HTML 文档中，也常有引用他处的内容，这可以通过使用<blockquote>块引用来实现。

<blockquote>与</blockquote>之间的所有文本都会从常规文本中分离出来，经常会在左、右两边进行缩进（增加外边距），而且有时会使用斜体。也就是说，块引用拥有它们自己的空间。例如：

```
01  <!DOCTYPE html>
02  <html lang="zh-CN">
03  <head>
04      <meta charset="UTF-8">
05      <meta content="width=device-width, initial-scale=1.0, maximum-scale=1.0, user-scalable=0"
name="viewport" />
06      <meta content="yes" name="apple-mobile-web-app-capable" />
07      <meta content="black" name="apple-mobile-web-app-status-bar-style" />
08      <meta name="format-detection" content="telephone=no" />
09      <title>第 6 章</title>
10      <style type="text/css">
11          blockquote {
12              background:#f9f9f9;
13              border-left:10px solid #ccc;
14              margin:1.5em 10px;
15              padding:.5em 10px;
```

```
16              quotes:"\201C""\201D""\2018""\2019";
17          }
18          blockquote:before {
19              color:#ccc;
20              content:open-quote;
21              font-size:4em;
22              line-height:.1em;
23              margin-right:.25em;
24              vertical-align:-.4em;
25          }
26          blockquote p {
27              display:inline;
28          }
29      </style>
30      </head>
31  <body>
32      <div class="content">
33          <blockquote>《后汉书·李膺传》："故引用天下名士。" 唐杜甫《赠秘书监江夏李
公邕》诗："往者武后朝，引用多宠嬖。" 清昭梿《啸亭杂录·不喜朋党》："故所引用者，
急功近名之士，其迂缓愚诞，皆置诸闲曹冷局。"</blockquote>
34          <blockquote>唐柳宗元《辩<;鹖冠子>；》："唯谊所引用为美，馀无可者。" 宋吴
曾《能改斋漫录·事始二》："偶读窦所引用，于是始知不用正、五、九上官之理。"艾青《诗
选自序》四："我在文章中引用……李白的两句话。"</blockquote>
35      </div>
36  </body>
37  </html>
```

所有主流的浏览器均支持<blockquote>标签。代码第 11~28 行对元素 blockquote 定义了特殊样式，使得 blockquote 元素视觉上就呈现出引用的效果。浏览器显示效果如图 6.8 所示。此外，可以使用<q>元素来标记短的引用。

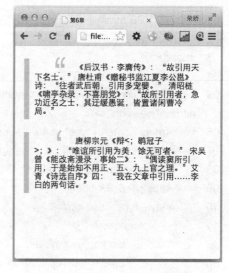

图 6.8　blockquote 的使用效果

6.5　添加主题分隔线

在统一页面内，当主题变化时，我们常常使用分割线来进行内容的显著隔离，这可以通过<hr>标签来实现。例如：

```
01  <div class="content">
02      <h2>每日特惠</h2>
03      <div class="item">
04          <a href="item.htm" target="_blank" data-page="detail">
05              <div class="img_warpper">
06                  <img src="./img/3pXX-540-430.jpg" class="main_img">
07              </div>
08              <div class="main_title">【每日闪购】杭州上海-三亚</div>
09          </a>
10      </div>
11
12      <hr>
13
14      <h2>特价机票</h2>
15
16      <div class="item">
17          <a href="flight_search_result.htm" target="_blank" data-page="flight_list">
18          <div class="item_img">
19              <img class="img_content" src="./img/ou9VXX-560-560.jpg">
20          </div>
21          <div class="item_msg">
22              <div class="title">杭州<span class=" single shared_logo"></span>厦门
23              </div>
24          </div>
25          </a>
26      </div>
27
28      <hr>
29
30  </div>
```

此处省略了 CSS 样式代码，如需查看请查看本书附带代码。此段示例的浏览器显示效果如图 6.9 所示。

图 6.9　hr 元素的使用效果

6.6　将内容组织为列表

列表经常被用于并列多项内容。通过列表标记的使用能使这些内容在网页中条理清晰、层次分明、格式美观、语义化地显示出来。本节介绍列表标记的使用。

列表顾名思义就是在网页中将相关资料以条目的形式有序或者无序排列而形成的表。常用的列表有无序列表、有序列表和定义列表三种。

从语义上来讲，三组标签分别对应具有不同含义的列表：无序列表适合成员之间无级别顺序关系的情形；有序列表适合各项目之间存在顺序关系的情形；定义列表用于一个术语名对应多重定义或者多个术语名同一个给出的定义，也可以用于只有术语名称或只有定义的情形，也就是说<dt>与<dd>在其中数量不限、对应关系不限。

另外，还有不太常用的目录列表和菜单列表。

6.7　输出有顺序关系的内容

在某些大促活动页上，常常会看到商品，是按照模块划分的。而这些模块的展示会按照一定的顺序，如推广强度、消费者满意度等维度进行排序，如图 6.10 所示。

图 6.10　模块的展示顺序

有序列表是一列使用数字进行标记，它使用<li>包含于<ol>标签（ordered lists）内，例如：

```
<ol>
    <li>开始部分</li>
    <li>次要部分</li>
    <li>结尾部分</li>
</ol>
```

有序列表的显示效果如图 6.11 所示。

图 6.11　有序列表的使用效果

6.8　使用无序列表输出无序并列的内容

无序列表可用于展示没有顺序关系的并列内容，例如新闻列表，如图 6.12 所示。

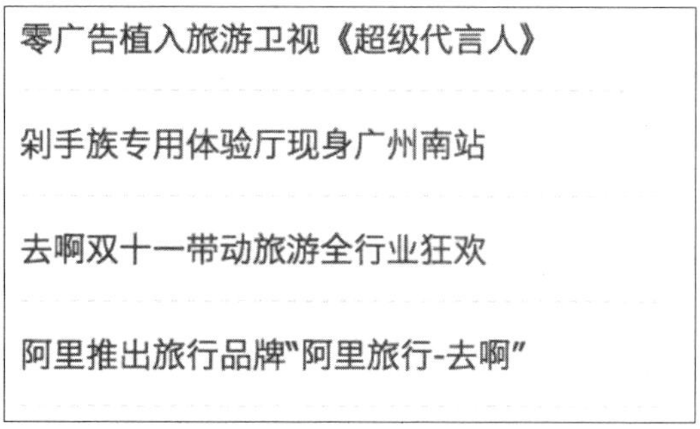

图 6.12　无序列表使用场景

无序列表是一组使用黑点对每项内容进行标记，它使用<li>包含在<ul>标签（unordered lists）内，例如：

```
01   <ul>
02       <li>关于主题</li>
03       <li>关于形式</li>
04       <li>关于内容</li>
05   </ul>
```

本例的效果如图 6.13 所示。

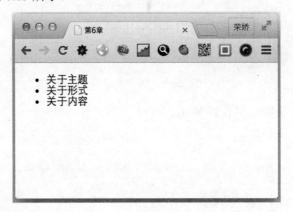

图 6.13　无序列表的使用效果

6.9　使用自定义列表输出有标题的并列内容

定义列表更为灵活，可为每项列表定义标题和内容列表，如图 6.14 所示。

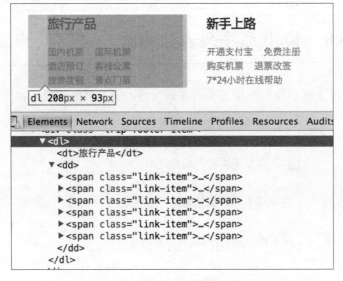

图 6.14　定义列表的使用场景

从图 6.14 中可以看出，"旅行产品"这一独立的项，可以使用定义列表来生成。其中，展示为独立项标题的使用 dl 元素，各内容列表项使用 dd 元素。

定义列表语义上表示项目及其注释的组合，它以<dl>标签（definition lists）开始，自定义列表项以<dt>（definition title）开始，自定义列表项的定义以<dd>（definition description）开始。

```
01  <dl>
02      <dt>HTML</dt>
03      <dd> HTML 主要组成部分 </dd>
04      <dd> HTML 主要标签</dd>
05      <dd> HTML 常用代码段</dd>
06  </dl>
```

显示效果如图 6.15 所示。

图 6.15　定义列表的使用效果

6.10　列表项的使用

在第 6.7 和 6.8 节中可以看出，<li>标签用于定义列表项，有序列表和无序列表中都使用<li>标签。

<li>标签内可以进行列表嵌套，例如：

```
01  <div class="content">
02      <h4>一个嵌套列表：</h4>
03      <ul>
04          <li>北京</li>
05          <li>上海</li>
06          <li>福建
07              <ul>
08                  <li>武夷山市</li>
09                  <li>厦门市</li>
```

```
10                  </ul>
11              </li>
12          </ul>
13  </div>
```

显示效果如图 6.16 所示。

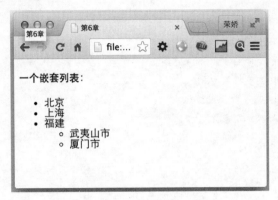

图 6.16　列表嵌套的使用效果

6.11　使用菜单列表

<menu>标签用于上下文菜单、工具栏以及用于列出表单控件和命令。在 HTML 5 中，重新定义了 menu 元素，且用于排列表单控件。

以下示例代码显示了带有两个菜单按钮（File 和 Edit）的工具栏，每个按钮都包含带有一系列选项的下拉列表的定义：

```
01  <menu type="toolbar">
02    <li>
03    <menu label="File">
04    <button type="button" onclick="file_new()">New...</button>
05    <button type="button" onclick="file_open()">Open...</button>
06    <button type="button" onclick="file_save()">Save</button>
07    </menu>
08    </li>
09    <li>
10    <menu label="Edit">
11    <button type="button" onclick="edit_cut()">Cut</button>
12    <button type="button" onclick="edit_copy()">Copy</button>
13    <button type="button" onclick="edit_paste()">Paste</button>
14    </menu>
15    </li>
16  </menu>
```

注意：目前所有主流浏览器均不支持 menu 元素，可以使用 CSS 来定义列表的类型。

在 HTML 5 中 menu 元素的新属性有 label 和 type，label 用于定义菜单的可见标签，而 type 用于定义菜单类型，可取值有 popup 和 toolbar 类型。

6.12　使用下拉列表

在 Web 设计过程中，常会用到如输入框的自动下拉提示，这将大大方便用户的输入。例如在 Google 中进行搜索的时候，就会出现下拉的智能提示列表选择框。这样的下拉列表框称为 AutoComplete。过去如需实现这样的功能，必须要求开发者使用一些 JavaScript 脚本或相关的 Ajax 调用，需要一定的编程工作量。但随着 HTML 5 的慢慢普及，开发者可以使用其中的新的 DataList 标记就能快速开发出十分漂亮的 AutoComplete 组件的效果。

创建简单文本输入框，代码如下：

```
<label for="favorite_team">我最爱的球队：</label>
<input type="text" name="team" id="favorite_team">
```

效果如图 6.17 所示。

图 6.17　简单输入框

这个输入框中，用户必须手动在其中输入文字内容，并且没有任何提示。而如果使用了 HTML 5 中的 DataList，则可以允许用户从下拉列表中选择。

使用如下方式声明 DataList：

```
01  <datalist>
02      <option>Detroit Lions</option>
03      <option>Detroit Pistons</option>
04      <option>Detroit Red Wings</option>
05      <option>Detroit Tigers</option>
06      <!-- etc... -->
07  </datalist>
```

在<datalist>标签中所包裹的就是可供用户选择的项。然后就可以使用如下的代码将列表绑定到对应的文本框上：

```
01  <label for="favorite_team">我最爱的球队：</label>
02      <input type="text" name="team" id="favorite_team" list="team_list">
```

```
03    <datalist id="team_list">
04        <option>Detroit Lions</option>
05        <option>Detroit Pistons</option>
06        <option>Detroit Red Wings</option>
07        <option>Detroit Tigers</option>
08    </datalist>
```

在上面的代码中，为文本输入框 input 指定 list 属性，其值一定要和<datalist>中的 id
值相匹配。

在浏览器中运行上面的代码，可以看到效果如图 6.18 所示。

图 6.18　简单输入框

<datalist> 标签是 HTML 5 中的新标签，大部分所有主流浏览器都支持<datalist>标签。
使用<datalist>标签定义选项列表，与 input 元素配合使用该元素，来定义 input 可能的值。
datalist 及其选项不会被显示出来，它仅仅是合法的输入值列表。

6.13　在页面中输出对话

有时候你需要在页面中输出一段对话，类似于剧本的效果。例如有如下一段话希望进
行如图 6.19 所示的排版。

显而易见，这段话是模拟浏览器和服务器之间数据传输过程中进行的三次握手。三次
握手技术细节暂且不说，我们现在比较关心这段话的输出格式。

当然，你完全可以自定义格式，约定说话者与说话内容的自定义格式，将整段话进行
排版。这么做完全可以达到你的设计效果，但是，这样的自定义格式往往会因开发者不同
而风格迥异。

- 浏览器："我需要这个图像。"
- 服务器："我没有这个图像。"
- 浏览器："你确定吗？这个文档说你有。"
- 服务器："真的没有。"

图 6.19　在页面中输出对话

<dialog>标签是 HTML 5 中的新标签，用于定义对话框或窗口。例如：

```
01  <div class="content">
02      <dialog>
03          <dt>浏览器</dt>
04          <dd>我需要这个图像。</dd>
05          <dt>服务器</dt>
06          <dd>我没有这个图像。</dd>
07          <dt>浏览器</dt>
08          <dd>你确定吗？这个文档说你有。</dd>
09          <dt>服务器</dt>
10          <dd>真的没有。</dd>
11      </dialog>
12  </div>
```

　　dialog 元素表示几个人之间的对话。HTML 5 中 dt 元素可以表示讲话者，HTML 5 dd 元素可以表示讲话内容。目前只有 Chrome 和 Safari 6 支持<dialog>标签。

　　对于这个元素的准确语法还有争议。一些人希望在 dialog 元素中嵌入非对话文本（如剧本中的舞台说明），还有人不喜欢扩展 dt 和 dd 元素的作用。尽管在具体语法方面仍有争议，但是大多数人都认为以这样的语义性方式表达对话是有益的。

第 7 章　划分文档结构

在 1.1 节中，我们介绍了 HTML 文档的基本结构，当时我们介绍的是按照整个 HTML 文档的功能进行划分的基本结构。但是，你肯定见过如图 7.1 所示的网页结构设计图。

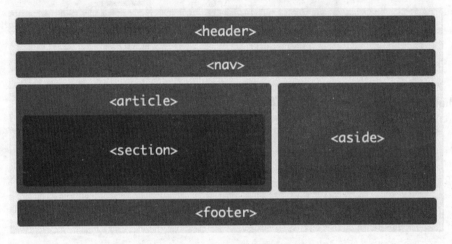

图 7.1　网页结构设计

图 7.1 是网页主题内容结构的设计的一种常见结构图。在本章中介绍如何使用常用的 HTML 标记对 HTML 文档的主体部分的结构进一步进行划分。

本章主要涉及的知识点：

- 添加基本的标题 h1~h6
- 隐藏子标题<hgroup>
- 生成节<section>
- 添加首部<header>和尾部<footer>
- 添加导航区域<nav>
- 使用<article>
- 生成附注栏<aside>
- 提供联系信息<address>
- 生成详情区域<details>、<summary>

7.1 添加基本的标题

标题的使用场景是非常广泛的，可以说是随处可见，页面标题、模块标题、区块标题，各式各样的标题都可以使用 h1~h6 元素来实现。

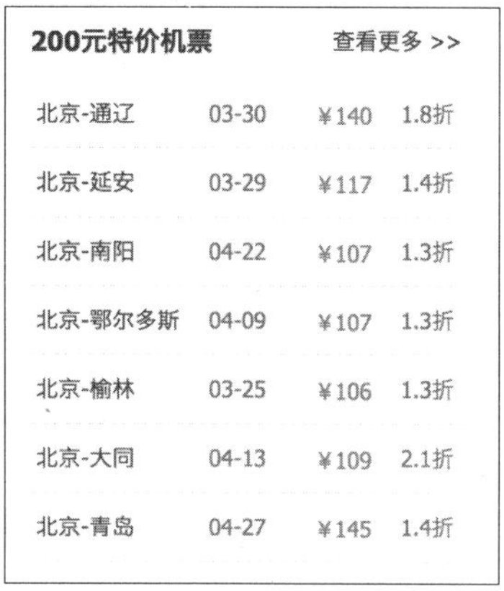

图 7.2 列表标题

在 3.1 节中，介绍了标题<hn>~</hn>的使用方法。标题是语义化的一个典型代表。图 7.2 的结构代码如下：

```
01  <div class="content">
02      <div class="title-wrap">
03          <h2 class="mod-title">200 元特价机票</h2>
04          <a class="moreLink" href="./lowestprice.php">查看更多 &gt;&gt;</a>
05      </div>
06      <ul class="lowest-price">
07          <li class="itemContainer">
08              <a href="flight_search_result.htm">
09                  <span class="flightAddress">北京-通辽</span>
10                  <span class="dateItem"> 03-30</span>
11                  <span class="flightLeftPrice"> <i class="rmb">¥</i>140</span>
12                  <span class="discountItem" style="height:35px;">1.8 折</span>
13              </a>
14          </li>
15          <li class="itemContainer">
16              <a href="flight_search_result.htm">
17                  <span class="flightAddress">北京-通辽</span>
18                  <span class="dateItem"> 03-30</span>
19                  <span class="flightLeftPrice"> <i class="rmb">¥</i>140</span>
20                  <span class="discountItem" style="height:35px;">1.8 折</span>
21              </a>
22          </li>
```

```
23          <li class="itemContainer">
24             <a href="flight_search_result.htm">
25                <span class="flightAddress">北京-通辽</span>
26                <span class="dateItem"> 03-30</span>
27                <span class="flightLeftPrice"> <i class="rmb">¥</i>140</span>
28              <span class="discountItem" style="height:35px;">1.8 折</span>
29             </a>
30          </li>
31          <!-- more list -->
32      </ul>
33
34   </div>
```

以上这段代码实现了一个基本的机票模块结构，第 3 行为该模块添加了模块标题，使得浏览器和用户都对该模块的内容和作用有一个清晰的认识。以此类推，在同一个 HTML 文档中，不仅文档需要添加标题，也可以为每个子模块添加标题，也需要为多个子模块组合成的大模块添加标题。

7.2　隐藏子标题 hgroup

<hgroup>用来将标题和子标题进行分组，即对 h1~h6 进行分组。一般情况下，一篇文章（article）或一个区块（section）里面只有一个标题，这种情况下就不需要使用 hgroup。如果出现多个标题，就可以用 hgroup 把标题框起来，做一个标题分组。这样的话，我们就可以认为 section 或 article 中出现多个标题是合法的。

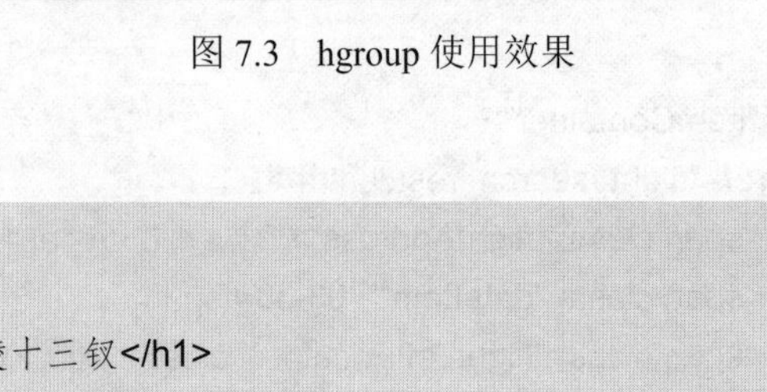

图 7.3　hgroup 使用效果

实现代码如下：

```
01   <section>
02       <hgroup>
03          <h1>金陵十三钗</h1>
04          <h2>——张艺谋电影《金陵十三钗》原著同名小说</h2>
05       </hgroup>
06
```

| 07 | `<p>`剧版史诗巨作《四十九日.祭》原著小说，严歌苓亲自操刀改编，张黎携手张嘉译，小宋佳，胡歌，文章倾情演绎，2014 年 12 月 1 日重磅登陆湖南卫视，鼎力推荐! `</p>` |
| 08 | `</section>` |

以上代码段中，将 h1 和 h2 元素使用 hgroup 分为一组，作为 section 的标题。

7.3 生成节\<section\>

在 HTML 5 标准中定义了一些新的语义化标签，这些标签能更好地描述网页内容，也使页面更有利于 SEO。\<section\>也是 HTM 5 中新定义的标签，用于标记文档中的区域或节（例如内容中的一个专题组）。\<section\>还能对层次结构进行划分，应该出现在文档的框架中。

section 通常由标题 head 和内容 content 组成。section 元素不是一般的容器元素，而应该作为结构元素出现。所以如果 个元素需要定义相应的样式或者脚本的话，那么 般推荐使用 div 元素代替。section 的使用条件是确保该元素的内容能够明确地展示在文档的大纲里。

例如某一页面中的导航中含有不同的专题组,使用 section 对专题组进行层次结构划分,如图 7.4 所示。

图 7.4 导航中使用 section 进行划分

　　图 7.4 中可以看出，导航 aside 中可以通过 section 对不同的主题内容进行划分，"本季热门"和"国内游"通过 2 个 section 分别进行组织划分成 2 个区域，且每个区域有不同的标题和内容列表项，这使得文档结构清晰易读。具体实现代码如下：

```
01  <aside class="nav-list" data-spm="a1zme">
02      <!-- 区域一： 本季热门 -->
03      <section class="nav-section with-content">
04          <h3>
05              <span>本季热门</span><i></i>
06          </h3>
07          <ul class="link-list clearfix">
08              <li><a href="#">三亚</a></li>
09              <li class="separator">|</li>
10              <!-- and more ... -->
11          </ul>
12          <div class="sub-content" style="display:none;">
13              <ul class="link-list sub-list clearfix">
14                  <li><a href="#">国家湿地公园</a></li>
15                  <li class="separator">|</li>
16                  <!-- and more ... -->
17              </ul>
18          </div>
19      </section>
20      <!-- 区域二： 周边游 -->
21      <section class="nav-section with-content around" id="J_AroundNav">
22          <h3>
23              <span>周边游</span><i style="background-color: #fab800;"></i>
24          </h3>
25          <ul class="link-list clearfix">
26              <li><a href="#">杭州</a></li>
27              <li class="separator">|</li>
28              <!-- and more ... -->
29          </ul>
30      </section>
31      <!-- 区域三： 国内游 -->
32      <section class="nav-section">
33          <h3>
34              <span>国内游</span><i style="background-color: #fe5538;"></i>
35          </h3>
36          <dl class="clearfix">
37              <dt>海南： </dt>
38              <dd>
39                  <ul class="link-list clearfix">
```

```
40                    <li><a href="#">三亚</a></li>
41                    <li class="separator">|</li>
42                    <!-- and more ... -->
43              </ul>
44          </dd>
45      </dl>
46      <dl class="clearfix">
47          <dt>云南：</dt>
48          <dd>
49              <ul class="link-list clearfix">
50                  <li><a href="#">丽江</a></li>
51                  <li class="separator">|</li>
52                  <!-- and more ... -->
53              </ul>
54          </dd>
55          <!-- and more ... -->
56      </dl>
57      <!-- and more ... -->
58  </section>
59  </aside>
```

section 元素可以用来作为一个有意义的章节，或段落的区隔；并且在同一文档网页中可以出现很多次。但是，section 不能用来包裹一段完整且独立的文章（例如 Blog 的内文），包含独立文章可通过 article 元素来实现，具体详见 7.6 节。

7.4　为区域添加头部和尾部

header 有引导和统领下文的作用，可作为页面的头部来使用，或是放在 section 或 article 元素内，作为这些区域、文章内容的头部。通常，header 元素可以包含一个区块的标题（如 h1 至 h6，或者 hgroup 元素标签），但也可以包含其他内容，例如数据表格、搜索表单或相关的 Logo 图片。

首先，使用 header 元素为整个页面添加标题部分：

```
<header>
  <h1>阿里旅行·去啊：机票预订,酒店查询,客栈民宿,旅游度假,门票签证 </h1>
</header>
```

其次，同一个页面中，每一个内容区块都可以有对应的 header 元素，例如：

```
<article>
 <header>
   <h1>金陵十三钗</h1>
```

```
</header>
<p>剧版史诗巨作《四十九日.祭》原著小说，严歌苓亲自操刀改编，张黎携手张嘉译，小宋佳，
   胡歌，文章倾情演绎，2014 年 12 月 1 日重磅登陆湖南卫视，鼎力推荐！全篇小说……</p>
</article>
```

header 元素通常包含标题标签（h1~h6）或 hgroup 元素。另外，也可以包含其他内容，例如 nav 元素也可以在<header>中使用。

为区域添加头部之后，考虑为区域添加对应的尾部。footer 元素可以作为其上层内容区或根区块的脚注。例如页面的版权部分，或者某区域内容的相关链接，脚注信息等。例如传媒大学网站的脚注，如图 7.5 所示。

关于我们 / 友情链接
版权所有 © 中国传媒大学 / 京ICP备06054859号-1 京ICP备06054859号-1
地址：北京市朝阳区定福庄东街一号 / 邮政编码：100024 / 技术支持：中国传媒大学计算机与网络中心 中传视友（北京）传媒科技有限公司·视友网

图 7.5　页面的尾部

footer 元素可以作为其直接父级内容区块或是一个根区块的结尾。footer 通常包括其相关区块的附加信息，如作者、相关阅读链接以及版权信息等。

我们通常使用类似下面这样的代码来写页面的页脚：

```
01  <div id="footer">
02      <div class="wp tc clearfix">
03          <div>
04              <a  href="http://by.cuc.edu.cn/aboutUs/"  target="_blank">关于我们</a> / <a
    href="http://by.cuc.edu.cn/frilinks/" target="_blank">友情链接</a>
05          </div>
06          <div>
07              版权所有 <em>©</em> <a href="http://by.cuc.edu.cn/" target="_blank">中国传
    媒大学</a> / 京 ICP 备 06054859 号-1 京 ICP 备 06054859 号-1
08          <div>
09              地址：北京市朝阳区定福庄东街一号 / 邮政编码：100024 / 技术支持：中国传媒
    大学计算机与网络中心 中传视友（北京）传媒科技有限公司·<a href="http://www.cuctv.com"
10      class="style-a-red" target="_blank">视友网</a>
11          </div>
12      </div>
13  </div>
```

在 HTML 5 中，我们可以不使用 div，而用更加语义化的 footer 元素来实现：

```
01  <footer>
02      <article class="wp tc clearfix">
03          <div>
04              <a  href="http://by.cuc.edu.cn/aboutUs/"  target="_blank">关于我们</a> / <a
    href="http://by.cuc.edu.cn/frilinks/" target="_blank">友情链接</a>
```

```
05              </div>
06              <div>
07                  版权所有 <em>©</em> <a href="http://by.cuc.edu.cn/" target="_blank">中国传
     媒大学</a> / 京 ICP 备 06054859 号-1 京 ICP 备 06054859 号-1
08              <div>
09                  地址：北京市朝阳区定福庄东街一号 / 邮政编码：100024 / 技术支持：中国传媒
     大学计算机与网络中心 中传视友（北京）传媒科技有限公司· <a href="http://www.cuctv.com"
     10  class="style-a-red" target="_blank">视友网</a>
11              </div>
12          </article>
13      </footer>
```

在同一个页面中可以使用多个<footer>元素，既可以用作页面整体的页脚，也可以作为
一个内容区块的结尾，例如，我们可以将<footer>直接写在<section>或是<article>中：

```
<section>
    这是 section 区域的主体内容……
    ……
    <footer>
        尾部主要内容，如版权信息等
    </footer>
</section>
```

7.5　添加导航区域

nav 元素用于定义页面的导航链接组，一般用在侧边栏、翻页组等区域较多；在 nav
中一般可以使用 ul 无序列表来放置导航链接元素。例如图 7.6 所示。

图 7.6　nav 示例

传统实现导航的结构代码如下：

```
01  <div class="nav">
02      <ul>
03          <li>
04              <a href="/" class="header-link header-nav-link active">Home</a>
05          </li>
06          <li>
07              <a href="/snippets" class="header-link header-nav-link">Code Snippets</a>
```

```
08              </li>
09              <li>
10                  <a href="/ui-kits" class="header-link header-nav-link">Interface Kits</a>
11              </li>
12              <li>
13                  <a href="/faq" class="header-link header-nav-link">FAQ</a></li>
14              <li>
15                  <a href="/search" class="header-link header-search-link" data-toggle="search">
    Search</a>
16              </li>
17          </ul>
18  </div>
```

使用 nav 标签实现导航的结构代码如下：

```
01  <nav class="header-nav">
02      <a href="/" class="header-link header-nav-link active">Home</a>
03      <a href="/snippets" class="header-link header-nav-link">Code Snippets</a>
04      <a href="/ui-kits" class="header-link header-nav-link">Interface Kits</a>
05      <a href="/faq" class="header-link header-nav-link">FAQ</a>
06      <a href="/search" class="header-link  header-search-link" data-toggle="search">Search
    </a>
07  </nav>
```

布局中一般使用 nav 标签与 ul 和 li 标签配合使用。

目前，IE9、Firefox、Opera、Chrome 以及 Safari，都支持<nav>标签；IE8 以及更早的版本不支持<nav>标签。

nav 是与导航相关的，所以一般用于网站导航布局。与 div 标签、span 标签的使用方法类似，可以为<nav>标签添加 id 或 class 等属性；而与 div 标签不同处是，此标签一般只用于导航相关地方，所以在一个 html 网页布局中可能就使用在导航条处，或与导航条相关的布局处。

7.6　在页面中输出文章

article 元素用于标记 HTML 文档中的独立内容片段，例如，博客条目或报纸文章，<article>标签的内容独立于文档的其余部分。例如图 7.7 所示文章。

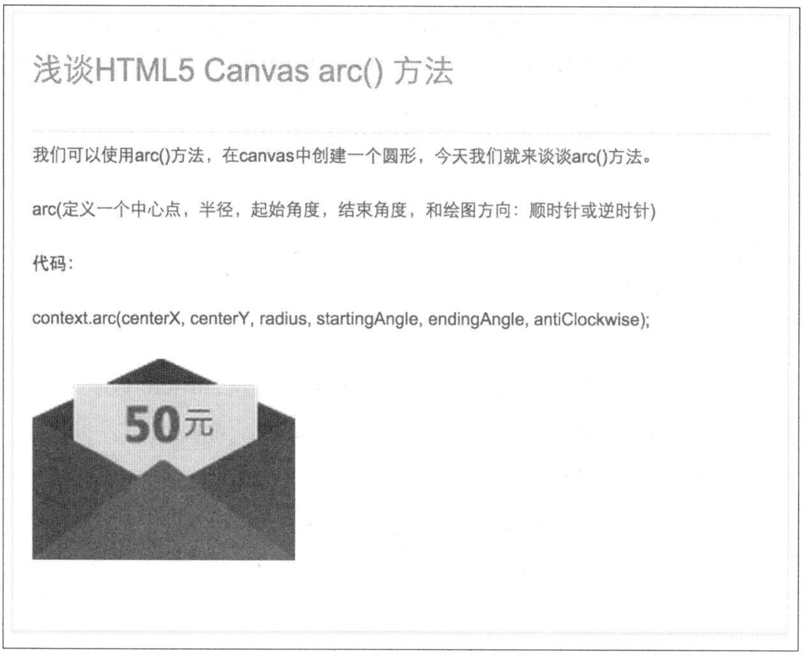

图 7.7 article 的使用场景

图 7.7 的实现结构代码如下：

```
01  <article data-page="single" class="post">
02      <header class="entry-header">
03          <h1 class="entry-title">浅谈 HTML5 Canvas arc() 方法</h1>
04      </header>
05      <!-- .entry-header -->
06      <div class="entry-content">
07          <p>
08              我们可以使用 arc()方法，在 canvas 中创建一个圆形，今天我们就来谈谈 arc()方法。
09          </p>
10          <p>
11              arc(定义一个中心点，半径，起始角度，结束角度，和绘图方向：顺时针或逆时针)
12          </p>
13          <p>
14              <strong>代码：</strong>
15          </p>
16          <p>
17              context.arc(centerX, centerY, radius, startingAngle, endingAngle, antiClockwise);
18          </p>
19          <p>
20          </p>
21          <p>
22              <a href="#"><img style="background-image: none; padding-top: 0px; padding-left:
```

```
           0px; margin: 0px; display: inline; padding-right: 0px; border: 0px;" title="1" src="http://
           gtms01.alicdn.com/tps/i1/TB1zTVYHXXXXXbiaXXXyTIh.FXX-128-95.png" alt="1" width="244"
           height="" border="0"></a>
23             </p>
24             <p>
25             </p>
26         </div>
27         <!-- .entry-content -->
28  </article>
```

article 是一个特殊的标签，比 section 具有更明确的语义，article 代表一个独立的、完整的相关内容块。一般来说，article 会有标题部分如 header，有时也包含页尾部分如 footer。从结构和内容的角度来看，article 本身是独立完整的。

当 article 内嵌 article 时，原则上来说，内部的 article 的内容是和外层的 article 内容是相关的。例如，一篇博客文章中，包含用户提交的评论的 article 就应该嵌套在包含博客文章的 article 之中。

7.7 生成附注栏

<aside>用于标记当前文章或页面的附属信息部分，例如当前文章的参考资料或名词解释等内容常常可作为附注出现。作为页面附属部分时，最典型应用是侧边栏，里面可以放友情链接、相关文章、广告入口等内容。例如页面的左侧导航，如图 7.8 所示。

图 7.8 aside 使用场景

实现结构代码如下：

```
01  <aside class="public-category">
02      <h3>博客分类</h3>
03      <div class="menu-cate-container">
04          <ul id="menu-cate" class="menu">
05              <li id="menu-item-800" class="menu-item"><a href="#">HTML5 游戏开发</a>
06                  <ul class="sub-menu">
07                      <li id="menu-item-833" class="menu-item"><a href="#">开发技巧</a>
    </li>
08                      <li id="menu-item-834" class="menu-item"><a href="#">引擎推荐</a>
    </li>
09                  </ul>
10              </li>
11              <li id="menu-item-209" class="menu-item"><a href="#">移动前端开发</a>
12                  <ul class="sub-menu">
13                      <li id="menu-item-211" class="menu-item"><a href="#">HTML5</a>
    </li>
14                      <li id="menu-item-217" class="menu-item"><a href="#">CSS3</a></li>
15                      <li id="menu-item-144" class="menu-item"><a href="#">响应式设计
    </a></li>
16                  </ul>
17              </li>
18              <li id="menu-item-1212" class="menu-item"><a href="#">全栈式 Javascript</a>
19                  <ul class="sub-menu">
20                      <li id="menu-item-1214" class="menu-item"><a href="#">jQuery</a>
    </li>
21                      <li id="menu-item-518" class="menu-item"><a href="#">NodeJS</a>
    </li>
22                      <li id="menu-item-588" class="menu-item"><a href="#">AngularJS
    </a></li>
23                      <li id="menu-item-1213" class="menu-item"><a href="#">Acoluda</a>
    </li>
24                  </ul>
25              </li>
26          </ul>
27      </div>
28      <div class="cl"></div>
29  </aside>
```

使用 aside 元素来定义侧导航，aside 中可以包含标题元素和无序列表等元素，用于罗列对应的导航内容。

7.8 在页面输出联系人信息

　　<address>标签是一个非常不起眼的小标签，但是这并不意味着它没有用。address 元素用来在文档中呈现联系人信息，包括文档创建者的名字、站点链接、电子邮箱、真实地址、电话号码等信息；address 不只是用来呈现电子邮箱或真实地址这样具体的"地址"概念的，还应该包括与文档创建人相关的各类联系方式信息。address 这个小巧的标签将默认斜体显示标签内的内容，当然，使用样式可以很容易地改变默认的样式。

　　有些联系地址列表的设计做得非常好，以至于你即使知道正在看的是一个列表（它甚至可以排序），也觉得这是在用一种很自然的方式来查看数据。例如，你可能会发现包括姓名、电话和地址的标题列。其他列表使用了图像，将联系人的名称覆盖在图像上。

　　结构代码如下：

```
01  <address>
02  超实用 HTML 代码段<br />
03  <a href="mailto:us@example.org">给我发邮件</a><br />
04  地址：北京市朝阳区<br />
05  电话: +010 34 56 78
06  </address>
```

实现效果如图 7.9 所示。

图 7.9　联系人信息

7.9 生成详情区域

　　details 元素用于描述有关文档或文档片段的详细信息。details 元素包含 summary 元素。summary 元素用于定义 details 元素的标题。例如图 7.10 所示。

图 7.10　details 详情的展示效果

summary 和 details 元素一起提供了一个可以显示和隐藏额外文字的"小工具",而不需要 JavaScript 和 CSS 的额外定义。summary 元素是一个头部(或者摘要,就像元素名一样),点击可以切换 details 标签之间内容的显示或隐藏。默认地,details 里的文字是隐藏的,被单击后显示出来。

结构代码如下:

```
<details>
    <summary>这里是摘要</summary>
    <p>这里是详细内容。</p>
</details>
```

details 元素可以包含任何文档流元素,也就是说 details 可以有很大的复杂度。例如,可以使用 summary 和 details 元素来显示、隐藏当前上映电影的更多信息,如图 7.11 所示。

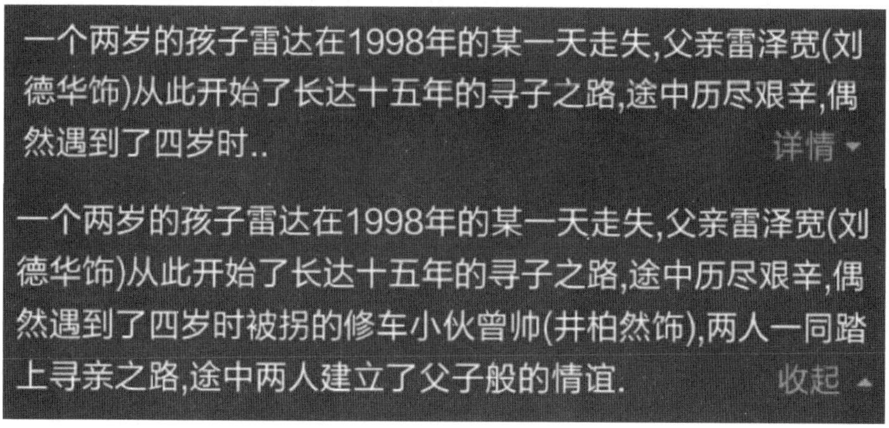

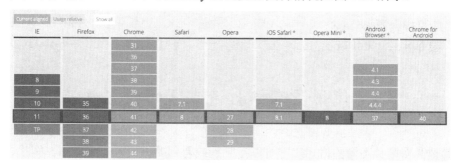

图 7.11 details 折叠与展开效果

在本书写作之际,details 和 summary 的浏览器支持情况如图 7.12 所示。

图 7.12 details 和 summary 元素的浏览器支持情况

第8章 多媒体文件

Web 上的视觉元素越来越丰富，可以在网页上加入图像、声音、动画和电影文件。虽然过去对这些文件大小的限制局限了它们的作用，但是新技术（如流技术及宽带）已经使多媒体网页成为了可能。如今，多媒体已成为网站的必备元素，使用多媒体可以丰富网站的效果，丰富网站的内容，给人充实的视觉体验，体现网站的个性化服务，吸引用户的回流，突出网站的重点。

本章主要涉及的知识点：

- 多媒体
- 全面兼容的 video
- 多媒体文件标签<embed>
- objec 元素
- param 元素
- 嵌入 Flash 代码
- 实现 Flash 全屏播放
- 嵌入 Windows Media 代码
- 文字的滚动
- 外部交互内容或插件<embed>
- 定义媒介源<source>
- 媒介外部文本轨道<track>

8.1 使用多媒体打造丰富的视觉效果

多媒体具有多种不同的格式。它可以是听到或看到的任何内容：文字、图片、音乐、音效、录音、电影、动画等。Web 上的多媒体主要指的是音效、音乐、视频和动画，如图 8.1 和图 8.2 所示。

在网页上，我们随处可见嵌入网页中的多媒体元素，现代浏览器已支持多种多媒体格式。确定媒体类型的最常用的方法是查看文件扩展名，多媒体元素具有不同扩展名的文件格式，例如.swf、.wmv、.mp3 以及.mp4 等。

图 8.1　网页上嵌入多媒体

图 8.2　嵌入音乐

8.2　全面兼容的 video

以往使用 Flash 是网页上最好的解决视频的方法，例如爱奇艺、优酷等视频网站，虾米、网易音乐等在线音乐网站，仍然使用 Flash 来提供播放服务。但是这种状况将会随着 HTML 5 的发展而改变。就视频而言，HTML 5 新增了 video 来实现在线播放视频的功能。

video 标签是 HTML 5 新增的标签，用于定义视频，如电影片段或其他视频流。video 使用示例：

```
01  <video width="800" height="374">
02      <source src="my_video.mp4" type="video/mp4" />
03      <source src="my_video.ogv" type="video/ogg" />
04      <source src="my_video.webm" type="video/webm" />
05      你浏览器不支持 video 功能，点击这里下载视频：  <a href="video.webm"&gt 下载视频</a&gt.
06  </video>
```

video 标签表示插入一段视频，width、height 属性分别表示这个视频内容的宽和高（单位像素）。video 标签中可以包含 source 标签，source 标签用来表示引用的视频和视频的格式、类型。为了保证向下的兼容性，我们还在 video 标签中加了一句提示，这句话在支持 video 标签的浏览器中是不会显示的，如果不支持就会显示给用户。

如果浏览器不支持 video，将会把 video 中的提示内容显示出来。那么对付老旧浏览器，我们可以用传统的 Flash 来替换这个提示内容。这样，当浏览器不兼容 video 标签的时候，就会显示出 Flash 版本的视频。例如：

```
01  <video width="800" height="374">
02      <source src="my_video.mp4" type="video/mp4"/>
03      <source src="my_video.ogv" type="video/ogg"/>
04      <object    width="800    height="374"    type="application/x-shockwave-flash" data="fallback.swf">
05          <param name="movie" value="fallback.swf"/>
06          <param name="flashvars" value="autostart=true&amp;file=video.flv"/>
07      </object>
08  </video>
```

直接按照原来正常的 Flash 引入方法写进 video 标签中即可。这样，我们就实现了跨浏览器兼容的 video 功能使用。

表 8.1 中所列出的是 video 所有的相关属性。

表 8.1　video相关的属性

属性名	值	属性作用
autoplay	autoplay	如果出现该属性，则视频在加载完成后立即字段播放
controls	controls	如果出现该属性，则向用户显示控件，比如播放按钮
height	pixels	设置视频播放器的高度
loop	loop	如果出现该属性，则当媒介文件完成播放后再次开始播放【即播放停止后继续播放】
muted	muted	规定视频的音频输出应该被静音【即静音】

续表

属性名	值	属性作用
poster	URL	规定视频下载时显示的图像，或者用户单击播放按钮前显示的图像
preload	preload	如果出现该属性，则视频在页面加载时进行加载，并预备播放。如果使用 "autoplay"，则忽略该属性
src	url	要播放的视频的 URL
width	pixels	设置视频播放器的宽度

video 元素的兼容性如图 8.3 所示（参考 http://caniuse.com/#search=video）。

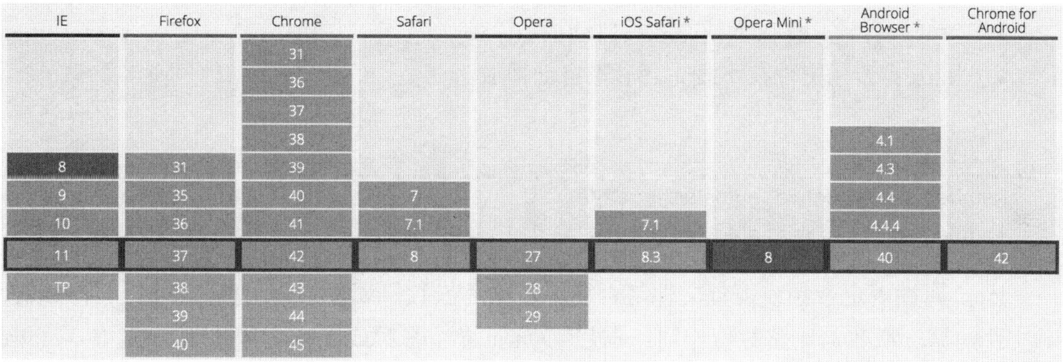

图 8.3　video 元素的兼容性

从图 8.3 中可以看出 video 在 IE 9+、Firefox、Opera、Chrome 以及 Safari 现代浏览器中是可以正常支持显示的。

此外，HTML 5 media 提供了在旧版 IE 浏览器中全面兼容的 JavaScript 类库，只需要要 head 头部复制以下一段代码即可：

```
<script src="http://HTML 5media.googlecode.com/svn/trunk/src/HTML 5 media.min.js"></script>
```

HTML 5 media 是一个 JavaScript 类库，它不依赖于任何 JavaScript 框架。使用了 HTML 5 media 之后，当浏览器不支持 HTML 5 时，它将会自动切换成 Flash 模式的 Flowplayer 播放器。虽然，目前 Web 播放器很多，但多数播放器仍为 Flash 播放器，处理代码上并不简洁。也可以通过使用 IE 条件注释的方法，只在旧版 IE 浏览器中加载该脚本：

```
01  <!--[if IE 9]>
02  <script src="http://HTML 5 media.googlecode.com/svn/trunk/src/HTML 5 media.min.js"></script>
03  <![endif]-->
```

更多 HTML 5 media 的信息请参考：https://HTML 5 media.info/。

8.3　多媒体文件标签

<embed>标签是 HTML 5 中的新标签，可以在页面中嵌入任何类型的文档。用户的机器上必须已经安装了能够正确显示文档内容的程序，一般常用于在网页中插入的多媒体格式可以是 Midi、Wav、AIFF、AU、MP3 等格式。例如：

```
<embed src="http://www.w3school.com.cn/i/helloworld.swf" />
```

其中 url 为音频或视频文件及其路径，可以是相对路径或绝对路径。还可以通过 autostart 属性设置音频或视频文件是否在下载完之后就自动播放。

- true：音乐文件在下载完之后自动播放。
- false：音乐文件在下载完之后不自动播放。

例如：

```
<embed src="your.mid" autostart=true>
<embed src="your.mid" autostart=false>
```

loop 属性规定音频或视频文件是否循环及循环次数。属性值为正整数值时，音频或视频文件的循环次数与正整数值相同；属性值为 true 时，音频或视频文件循环；属性值为 false 时，音频或视频文件不循环。例如：

```
<embed src="your.mid" autostart=true loop=2>
<embed src="your.mid" autostart=true loop=true>
<embed src="your.mid" autostart=true loop=false>
```

8.4　object 元素

object 元素向 HTML 代码添加一个对象，例如：

```
01  <object classid="clsid:F08DF954-8592-11D1-B16A-00C0F0283628" id="Slider1" width="100"
        height="50">
02      <param name="BorderStyle" value="1"/>
03      <param name="MousePointer" value="0"/>
04      <param name="Enabled" value="1"/>
05      <param name="Min" value="0"/>
06      <param name="Max" value="10"/>
07  </object>
```

object 定义一个嵌入的对象，几乎所有主流浏览器都拥有部分对<object>标签的支持。<object>标签用于包含对象可以是图像、音频、视频、Java applets、ActiveX、PDF 以及 Flash 等。<object>元素可支持多种不同的媒介类型。

可以显示一幅图片：

```
<object height="100%" width="100%" type="image/jpeg" data="audi.jpeg"> </object>
```

显示网页：

```
<object type="text/html" height="100%" width="100%" data="http://www.w3school.com.cn">
    </object>
```

播放音频：

```
<object classid="clsid:22D6F312-B0F6-11D0-94AB-0080C74C7E95"> <param name="FileName"
    value="liar.wav" /> </object>
```

播放视频：

```
<object classid="clsid:22D6F312-B0F6-11D0-94AB-0080C74C7E95"> <param name="FileName"
    value="3d.wmv" /> </object>
```

显示日历：

```
<object width="100%" height="80%" classid="clsid:8E27C92B-1264-101C-8A2F-040224009C02">
    <param name="BackColor" value="14544622"> <param name="DayLength" value="1">
    </object>
```

显示图形：

```
<object width="200" height="200" classid="CLSID:369303C2-D7AC-11D0-89D5-00A0C90833E6">
    <param name="Line0001" value="setFillColor(255, 0, 255)"> <param name="Line0002"
    value="Oval(-100, -50, 200, 100, 30)"> </object>
```

显示 Flash 动画：

```
<object width="400" height="40" classid="clsid:D27CDB6E-AE6D-11cf-96B8-444553540000"
    codebase="http://download.macromedia.com /pub/shockwave/cabs/flash/swflash.cab#4,0,0,0">
    <param name="SRC" value="bookmark.swf"> <embed src="bookmark.swf" width="400"
    height="40"></embed> </object>
```

Windows Media Player 对应的 class ID 不同版本如下：

```
Windows Media Player 10
clsid:6BF52A52-394A-11D3-B153-00C04F79FAA6  （与 WMP7 相同）
Windows Media Player 9
clsid:6BF52A52-394A-11D3-B153-00C04F79FAA6  （与 WMP7 相同）
Windows Media Player 7
clsid:6BF52A52-394A-11D3-B153-00C04F79FAA6
Windows Media Player 6.4
clsid:22D6F312-B0F6-11D0-94AB-0080C74C7E95
```

8.5　param 元素

param 元素允许为插入 HTML 文档的对象进行 run-time 属性设置，也就是说，此标签可为包含它的<object>或者<applet>标签提供参数。例如向 HTML 代码添加一个对象：

```
01  <object width="468" height="287" codebase="http://download.macromedia.com/pub/
    shockwave/cabs/flash/swflash.cab#version=7,0,19,0"
    classid="clsid:D27CDB6E-AE6D-11cf-96B8-444553540000">
02      <param name="movie" value="/media/v1/default_v1.1.swf"/>
03      <param name="quality" value="high"/>
04      <param name="wmode"value="transparent"/>
05      <embed width="468" height="287" type="application/x-shockwave-flash" pluginspage=
    "http://www.macromedia.com/go/getflashplayer" quality="high" wmode="transparent" src=
    "/media/v1/default_v1.1.swf"/>
06  </object>
```

表 8.2 列出了各 param 属性的含义。

表 8.2　param相关的属性

属性名	值	属性作用
devicefont	true | false	（可选）对于未选定"设备字体"选项的静态文本对象，指定是否仍使用设备字体进行绘制（如果操作系统提供了所需字体）
src	xxx.swf	指定要加载的 SWF 文件的名称。仅适用于 embed
movie	xxx.swf	指定要加载的 SWF 文件的名称。仅适用于 param
autoplay	true | false	（可选）指定应用程序是否在浏览器中加载时就开始播放。如果您的 Flash 应用程序是交互式的，则可以让用户通过单击按钮或执行某些其他任务来开始播放。在这种情况下，将 play 属性设置为 false 可禁止应用程序自动开始播放。如果忽略此属性，默认值为 true
loop	true | false	（可选）指定 Flash 内容在它到达最后一帧后是无限制重复播放还是停止。如果忽略此属性，默认值为 true
quality	low | medium | high | autolow | autohigh | best	（可选）指定在应用程序回放期间使用的消除锯齿级别。因为消除锯齿需要更快的处理器先对 SWF 文件的每一帧进行平滑处理，然后再将它们呈现到观众屏幕上，所以需要根据要优化速度还是优化外观来选择一个值： "Low"使回放速度优先于外观，而且从不使用消除锯齿功能 "Autolow"优先考虑速度，但是也会尽可能改善外观。回放开始时，消除锯齿功能处于关闭状态。如果 Flash Player 检测到处理器可以处理消除锯齿功能，就会打开该功能

续表

属性名	值	属性作用
		"Autohigh"在开始时是回放速度和外观两者并重，但在必要时会牺牲外观来保证回放速度。回放开始时，消除锯齿功能处于打开状态。如果实际帧频降到指定帧频之下，就会关闭消除锯齿功能以提高回放速度。使用此设置可模拟Flash中的"消除锯齿"命令（"查看">"预览模式">"消除锯齿"）。"Medium"会应用一些消除锯齿功能，但并不会平滑位图。该设置生成的图像品质要高于"Low"设置生成的图像品质，但低于"High"设置生成的图像品质。"High"使外观优先于回放速度，它始终应用消除锯齿功能。如果 SWF 文件不包含动画，则会对位图进行平滑处理；如果 SWF 文件包含动画，则不会对位图进行平滑处理。"Best"提供最佳的显示品质，而不考虑回放速度。对所有输出都进行消除锯齿处理，并且对所有位图都进行平滑处理。如果忽略 quality 属性，其默认值为 high
bgcolor	十六进制 RGB 值	（可选）指定应用程序的背景色。使用此属性来覆盖在 Flash SWF 文件中指定的背景色设置。此属性不影响 HTML 页面的背景色
scale	showall | noborder | exactfit | noscale	（可选）当 width 和 height 值是百分比时，定义应用程序如何放置在浏览器窗口中。"Showall"使整个 Flash 内容显示在指定区域中，且不会发生扭曲，同时保持它的原始高宽比。边框可能会出现在应用程序的两侧。"Noborder"对 Flash 内容进行缩放以填充指定区域，不会发生扭曲，它会使应用程序保持原始高宽比，但有可能会进行一些裁剪。"Exactfit"使整个Flash内容显示在指定区域中，但不尝试保持原始高宽比。可能会发生扭曲。"noscale"使整个Falsh内容不缩放，保持原始比例如果忽略此属性（而且 width 和 height 值是百分比），则它的默认值是 showall
salign	L | R | T | B | TL | TR | BL | BR	（可选）指定缩放的 Flash SWF 文件在由 width 和 height 设置定义的区域内的位置。有关这些条件的详细信息，请参阅scale 属性/参数。L、R、T和B让应用程序分别沿着浏览器窗口的左、右、上、下边缘对齐，并根据需要裁剪其余三边。TL 和 TR 让应用程序分别与浏览器窗口的左上角和右上角对齐，并根据需要裁剪底边和剩余的右侧或左侧边缘。BL 和 BR 让应用程序分别与浏览器窗口的左下角和右下角对齐，并根据需要裁剪顶边和剩余的右侧或左侧边缘。如果忽略此属性，Flash 内容会在浏览器窗口中居中显示

属性名	值	属性作用
base	基本目录或 URL	（可选）指定用于解析 Flash SWF 文件中的所有相对路径语句的基本目录或 URL。如果 SWF 文件保存在与你的其他文件不同的目录下，这个属性是非常有用的
menu	true | false	（可选）指定当观众在浏览器中右击（Windows）或按住 Command 键单击（Macintosh）应用程序区域时将显示的菜单类型。 "true"显示完整的菜单，让用户使用各种选项增强或控制回放。 "false"显示的是一个只包含"关于 Macromedia Flash Player 6"选项和"设置"选项的菜单。 如果忽略此属性，默认值为 true

8.6 嵌入 Flash 代码

嵌入 Flash 的典型代码如下：

```
01  <object classid="clsid:d27cdb6e-ae6d-11cf-96b8-444553540000" codebase="http://fpdownload.
    macromedia.com/pub/shockwave/cabs/flash/swflash.cab#version=7,0,0,0"        width="550"
    height="400" id="Untitled-1" align="middle">
02      <param name="allowScriptAccess" value="sameDomain" />
03      <param name="movie" value="mymovie.swf" />
04      <param name="quality" value="high" />
05      <param name="bgcolor" value="#ffffff" />
06      <embed src="mymovie.swf" quality="high" bgcolor="#ffffff" width="550" height="400"
    name="mymovie" align="middle" allowScriptAccess="sameDomain" type="application/x-shockwave-
    flash" pluginspage="http://www.macromedia.com/go/getflashplayer" />
07  </object>
```

这种方法是使用 object 和 embed 标签来嵌入，其中"D27CDB6E-AE6D-11CF-96B8-444553540000"是类 ShockwaveFlash 的 GUID，定义一个 id 为 Mp3Player 的类实例。object 的很多参数和 embed 里面的很多属性是重复的，这是为了浏览器的兼容性，有的浏览器支持 object，有的支持 embed，这也是为什么修改 Flash 的参数时两个地方都要改的原因。

这种方法的缺点就是 embed 标签是 Netscape 的私有标签，虽然 embed 标签应用广泛存在，但是从 HTML 3.2、HTML 4.0 到 XHTML 1.0，W3C 都没有收录这个标签。因此使用 embed 标签的页面将不能通过 W3C 校验。另一方面，虽然只使用 object 标签可以通过验证，但是 IE 6 浏览器不支持 object 标签。

8.7 实现 Flash 全屏播放

为 Flash 加上 allowFullScreen 属性并设置为 true，即可实现 Flash 的全屏播放，代码如下：

```
<embed src="myFlasg.swf" allowFullScreen="true" FlashVars="quality"="high" bgcolor="#ffffff"
    width="760" height="500" name="myname" align="middle" allowScriptAccess="sameDomain"
    type="application/x-shockwave-flash" pluginspage="http://www.adobe.com/go/getflashplayer_jp" />
```

8.8 文字的滚动

在页面中常常需要滚动的字幕，动态更新的内容往往更容易捕获用户的眼球。使用
marquee 元素可以实现文字的滚动，例如：

```
01  <marquee style="width: 388px; height: 200px" scrollamount="2" dlrectlon="up" allgn="rlght" >
02      <p><span>日不落的夏天中了 50 元酒店信用住超值红包</span></p>
03      <p><span>悠悠 youyou 中了 20 元酒店信用住超值红包</span></p>
04      <p><span>xiaomogu 中了 100 元酒店信用住超值红包</span></p>
05  </marquee>
```

设定<marquee>标签内容的对齐方式可选参数如下。

- absbottom：绝对底部对齐（与 g、p 等字母的最下端对齐）。
- absmiddle：绝对中央对齐。
- baseline：底线对齐。
- bottom：底部对齐（默认）。
- left：左对齐。
- middle：中间对齐。
- right：右对齐。
- texttop：顶线对齐。
- top：顶部对齐。

behavior 属性设置 marquee 的滚动的方式，3 种取值如下。

- scroll：循环滚动。
- slide：单次滚动。
- alternate：来回滚动。

bgcolor 属性设定活动字幕的背景颜色，背景颜色可用 RGB、16 进制值的格式或颜色
名称来设定。

width 用于设置滚动文本框的宽度，输入一个数值后从后面的单选框选择 in Pixels（按

像素）或是 in Percent（按百分比）。

height 用于设置滚动文本框的高度，输入一个数值后从后面的单选框选择 in Pixels（按像素）或是 in Percent（按百分比）。

loop 属性设定滚动的次数，当 loop=-1 表示一直滚动下去，默认为-1。

hspace、vspace 设定活动字幕里所在的位置距离父容器垂直边框、竖屏的距离。

8.9　定义媒介源

<source>标签是 HTML 5 中的新标签，该标签允许设置可替换的视频/音频文件供浏览器根据它对媒体类型或者编解码器的支持进行选择。例如定义拥有两份源文件的音频播放器：

```
01   <audio controls>
02       <source src="horse.ogg" type="audio/ogg">
03       <source src="horse.mp3" type="audio/mpeg">
04       你的浏览器不支持 audio 元素
05   </audio>
```

目前各浏览器对 source 元素的支持情况如图 8.4（参考 http://caniuse.com/#search= source）所示。

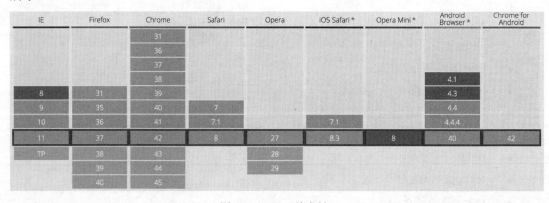

IE	Firefox	Chrome	Safari	Opera	iOS Safari *	Opera Mini *	Android Browser *	Chrome for Android
		31						
		36						
		37						
		38					4.1	
8	31	39					4.3	
9	35	40	7				4.4	
10	36	41	7.1		7.1		4.4.4	
11	37	42	8	27	8.3	8	40	42
TP	38	43		28				
	39	44		29				
	40	45						

图 8.4　source 兼容性

可以看出 IE 9+、Firefox、Opera、Chrome 以及 Safari 都支持<source>标签，IE 8 以及更早的版本不支持<source>标签。

8.10　定义媒介外部文本轨道

如果能为视频添加字幕，那么用户体验就更棒了。<track>标签为诸如 video 元素之类的媒介规定外部文本轨道，用于规定字幕文件或其他包含文本的文件，当媒介播放时，这些文件是可见的。设置播放带有字幕的视频示例如下：

```
01  <video width="320" height="240" controls="controls">
02    <source src="forrest_gump.mp4" type="video/mp4" />
03    <source src="forrest_gump.ogg" type="video/ogg" />
04    <track kind="subtitles" src="subs_chi.srt" srclang="zh" label="Chinese">
05    <track kind="subtitles" src="subs_eng.srt" srclang="en" label="English">
06    <track kind="subtitles" src="brave.de.vtt" srclang="de" label="Deutsch">
07  </video>
```

目前各浏览器对 source 元素的支持情况如图 8.5（参考 http://caniuse.com/#search=track）所示。

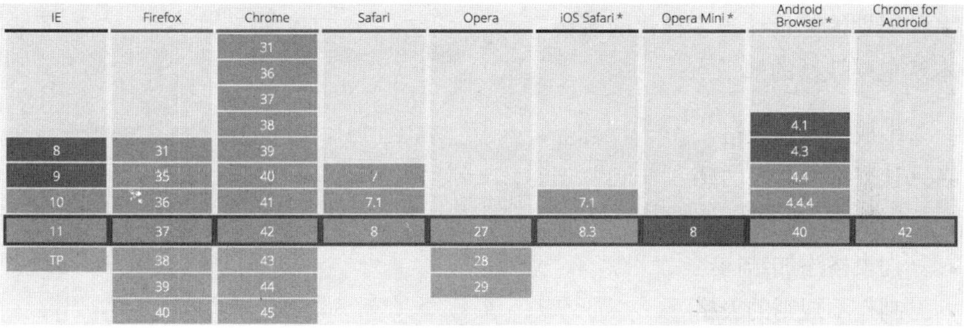

图 8.5　track 兼容性

可以看出 IE 10+、Firefox、Opera、Chrome 以及 Safari 都支持<track>标签，Opera Mini、IE 9 以及更早的版本不支持<track>标签。track 相关的属性作用如表 8.3 所示。

表 8.3　track相关的属性

属性	属性作用
class=class	指定类
id=id	指定ID
style=style	指定样式
title=title	指定标题
dir=dir	指定文字显示的方向
lang=lang	指定语言种类
accesskey=key	指定快捷键
tabindex=n	指定Tab键在控件中的移动顺序
contenteditable=bool	使元素可编辑
contextmenu=id	指定contextmenu
draggable=bool	可拖动
dropzone=value	可拖放
hidden	隐藏元素
spellcheck=bool	检查拼写

第 9 章　表格

表格是 HTML 文档的一项非常重要的功能。表格以网格的形式显示二维数据，过去常用表格控制页面布局，HTML 5 中已不建议这样使用，更多的是新增的 CSS 表格特性，利用其多种属性能够设计出多样化的表格。

本章主要涉及的知识点：

- 生成基本的表格
- 让表格没有凹凸感
- 添加表头
- 为表格添加结构
- 制作不规则的表格
- 处理列
- 设置表格边框

9.1　生成基本的表格

表格常用来对页面进行排版，在表格中一般通过 3 个标记来构建，分别是表格标记 table、行标记 tr 和单元格标记 td。其中表格标记是 `<table>` 和 `</table>`，表格的其他各种属性都要在表格的开始标记 `<table>` 和表格的结束标记 `</table>` 之间才有效。下面首先介绍如何创建表格。

基本的表格语法：

```
<table>
    <tr>
        <td>
            单元格内的文字
        </td>
        <td>
            单元格内的文字
        </td>
            ……
    </tr>
```

```
        <tr>
            <td>
                单元格内的文字
            </td>
            <td>
                单元格内的文字
            </td>
                ……
        </tr>
            ……
</table>
```

<table>标记和</table>标记分别标志着一个表格的开始和结束；而<tr>和</tr>则分别表示表格中一行的开始和结束，在表格中包含几组<tr>…</tr>，就表示该表格为几行；<td>和</td>表示一个单元格的起始和结束，也可以说表示一行中包含了几列。

示例代码：

```
01  <!DOCTYPE html>
02  <html>
03  <head>
04  <meta charset="UTF-8"/>
05  <title>第 9 章</title>
06  </head>
07  <style type="text/css" mce_bogus="1">/* CSS Document */
08  body {
09      font: normal 11px auto "Trebuchet MS", Verdana, Arial, Helvetica, sans-serif;
10      color: #4f6b72;
11      background: #E6EAE9;
12  }
13
14  a {
15      color: #c75f3e;
16  }
17
18  #mytable {
19      width: 700px;
20      padding: 0;
21      margin: 0;
22  }
23
24  caption {
25      padding: 0 0 5px 0;
26      width: 700px;
```

```
27      font: italic 11px "Trebuchet MS", Verdana, Arial, Helvetica, sans-serif;
28      text-align: right;
29  }
30
31  th {
32      font: bold 11px "Trebuchet MS", Verdana, Arial, Helvetica, sans-serif;
33      color: #4f6b72;
34      border-right: 1px solid #C1DAD7;
35      border-bottom: 1px solid #C1DAD7;
36      border-top: 1px solid #C1DAD7;
37      letter-spacing: 2px;
38      text-transform: uppercase;
39      text-align: left;
40      padding: 6px 6px 6px 12px;
41      background: #CAE8EA url(images/bg_header.jpg) no-repeat;
42  }
43
44  th.nobg {
45      border-top: 0;
46      border-left: 0;
47      border-right: 1px solid #C1DAD7;
48      background: none;
49  }
50
51  td {
52      border-right: 1px solid #C1DAD7;
53      border-bottom: 1px solid #C1DAD7;
54      background: #fff;
55      font-size: 11px;
56      padding: 6px 6px 6px 12px;
57      color: #4f6b72;
58  }
59
60  td.alt {
61      background: #F5FAFA;
62      color: #797268;
63  }
64
65  th.spec {
66      border-left: 1px solid #C1DAD7;
67      border-top: 0;
68      background: #fff url(images/bullet1.gif) no-repeat;
69      font: bold 10px "Trebuchet MS", Verdana, Arial, Helvetica, sans-serif;
```

```
70  }
71
72  th.specalt {
73      border-left: 1px solid #C1DAD7;
74      border-top: 0;
75      background: #f5fafa url(images/bullet2.gif) no-repeat;
76      font: bold 10px "Trebuchet MS", Verdana, Arial, Helvetica, sans-serif;
77      color: #797268;
78  }
79  </style>
80  <body>
81  <table id="mytable" cellspacing="0" summary="The technical specifications of the Apple
    PowerMac G5 series">
82  <caption>The technical specifications of the Apple PowerMac G5 series</caption>
83    <tr>
84      <th scope="col" abbr="Configurations">设置</th>
85      <th scope="col" abbr="Dual 1.8">1.8GHz</th>
86      <th scope="col" abbr="Dual 2">2GHz</th>
87    <th scope="col" abbr="Dual 2.5">2.5GHz</th>
88    </tr>
89    <tr>
90      <th scope="row" abbr="Model" class="spec">lipeng</th>
91      <td>M9454LL/A</td>
92      <td>M9455LL/A</td>
93      <td>M9457LL/A</td>
94    </tr>
95    <tr>
96      <th scope="row" abbr="G5 Processor" class="specalt">mapabc</th>
97      <td class="alt">Dual 1.8GHz PowerPC G5</td>
98      <td class="alt">Dual 2GHz PowerPC G5</td>
99      <td class="alt">Dual 2.5GHz PowerPC G5</td>
100   </tr>
101   <tr>
102     <th scope="row" abbr="Frontside bus" class="spec">Lennvo</th>
103     <td>900MHz per processor</td>
104     <td>1GHz per processor</td>
105     <td>1.25GHz per processor</td>
106   </tr>
107   <tr>
108     <th scope="row" abbr="L2 Cache" class="specalt">Black</th>
109     <td class="alt">512K per processor</td>
110     <td class="alt">512K per processor</td>
111     <td class="alt">512K per processor</td>
```

```
112    </tr>
113 </table>
114 </body>
115 </html>
```

浏览器显示效果如图 9.1 所示。

设置	1.8GHZ	2GHZ	2.5GHZ
The technical specifications of the Apple PowerMac G5 series			
LIPENG	M9454LL/A	M9455LL/A	M9457LL/A
MAPABC	Dual 1.8GHz PowerPC G5	Dual 2GHz PowerPC G5	Dual 2.5GHz PowerPC G5
LENNVO	900MHz per processor	1GHz per processor	1.25GHz per processor
BLACK	512K per processor	512K per processor	512K per processor

图 9.1　table 示例

9.2　让表格没有凹凸感

在没有样式的情况下，基本表格的显示效果如图 9.2 所示。

图 9.2　基本表格

从图 9.2 中，我们发现，表格的边框凹凸有致，占用很大的一部分空间，使得单元格的内容不够突出。如何去掉这些凹凸感呢？

使用 cellspacing 和 cellpadding 可以完成。cellspacing 就是 td 和 td 之间的间距，cellpadding 属性用来指定单元格内容与单元格边界之间的空白距离的大小。例如：

```
01 <table border="1" cellpadding="0" cellspacing="0">
02    <tr>
03        <th>
04            单元格内的标题
05        </th>
06        <th>
07            单元格内的标题
08        </th>
09    </tr>
```

```
10        <tr>
11            <td>
12                单元格内的文字
13            </td>
14            <td>
15                单元格内的文字
16            </td>
17        </tr>
18        <tr>
19            <td>
20                单元格内的文字
21            </td>
22            <td>
23                单元格内的文字
24            </td>
25        </tr>
26    </table>
```

浏览器显示效果如图 9.3 所示。

图 9.3　去除单元格间距

cellspacing 和 cellpadding 的 CSS 替代写法如下：

```
/*控制 cellspacing*/
table{border:0;margin:0;border-collapse:collapse;border-spacing:0;}
/*控制 cellpadding*/
table td{padding:0;}
```

9.3　添加表头

使用 th 元素可以为表格添加表头单元格，表格表头可以用来区分数据和数据的说明。
例如：

```
01    <table cellspacing="0" >
02        <tr>
03            <th>序号</th>
```

```
04          <th>歌曲名</th>
05          <th>演唱</th>
06      </tr>
07      <tr>
08          <th>01</th>
09          <td>小苹果</td>
10          <td>筷子兄弟</td>
11      </tr>
12      <tr>
13          <th>02</th>
14          <td>匆匆那年</td>
15          <td>王菲</td>
16      </tr>
17      <tr>
18          <th>03</th>
19          <td>喜欢你</td>
20          <td>G.E.M.邓紫棋</td>
21      </tr>
22      <tr>
23          <th>04</th>
24          <td>当你老了</td>
25          <td>莫文蔚</td>
26      </tr>
27  </table>
```

浏览器显示效果如图 9.4 所示。

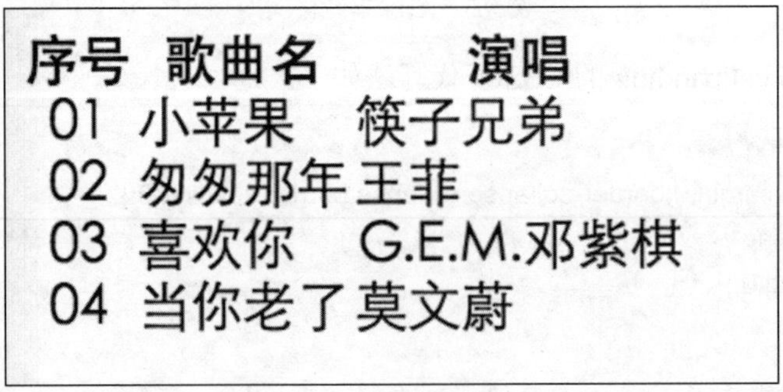

序号	歌曲名	演唱
01	小苹果	筷子兄弟
02	匆匆那年	王菲
03	喜欢你	G.E.M.邓紫棋
04	当你老了	莫文蔚

图 9.4 添加表头

9.4 为表格添加结构

将表格的基本格式设置完成后，我们发现，th 和数据元素没有醒目地区分开来。为了更进一步地区分表头与表格数据，我们可以通过样式进行设计：

```
01  <style type="text/css">
02  th {
03  font: bold 11px "Trebuchet MS", Verdana, Arial, Helvetica, sans-serif;
04  color: #4f6b72;
05  border-right: 1px solid #C1DAD7;
06  border-bottom: 1px solid #C1DAD7;
07  border-top: 1px solid #C1DAD7;
08  letter-spacing: 2px;
09  text-transform: uppercase;
10  text-align: left;
11  padding: 6px 6px 6px 12px;
12  background: #CAE8EA url(images/bg_header.jpg) no-repeat;
13  }
14
15  td {
16  border-right: 1px solid #C1DΛD7;
17  border-bottom: 1px solid #C1DAD7;
18  background: #fff;
19  font-size: 11px;
20  padding: 6px 6px 6px 12px;
21  color: #4f6b72;
22  }
23  </style>
24  <table cellspacing="0" >
25      <tr>
26          <th>序号</th>
27          <th>歌曲名</th>
28          <th>演唱</th>
29      </tr>
30      <tr>
31          <th>01</th>
32          <td>小苹果</td>
33          <td>筷子兄弟</td>
34      </tr>
35      <tr>
36          <th>02</th>
37          <td>匆匆那年</td>
38          <td>王菲</td>
39      </tr>
40      <tr>
41          <th>03</th>
42          <td>喜欢你</td>
43          <td>G.E.M.邓紫棋</td>
```

```
44      </tr>
45      <tr>
46          <th>04</th>
47          <td>当你老了</td>
48          <td>莫文蔚</td>
49      </tr>
50  </table>
```

代码第 1~23 行，通过 th 和 td 选择器来匹配所有的表头和表格数据进行样式设计。浏览器显示效果如图 9.5 所示。

序 号	歌曲名	演 唱
01	小苹果	筷子兄弟
02	匆匆那年	王菲
03	喜欢你	G.E.M.邓紫棋
04	当你老了	莫文蔚

图 9.5　添加表格样式

可以使用 thead、tbody、tfoot 元素为表格添加结构。这样可以更进一步区别处理不同部分的设计，例如：

```
01  <style type="text/css">
02  th {
03  font: bold 11px "Trebuchet MS", Verdana, Arial, Helvetica, sans-serif;
04  color: #4f6b72;
05  border-right: 1px solid #C1DAD7;
06  border-bottom: 1px solid #C1DAD7;
07  border-top: 1px solid #C1DAD7;
08  letter-spacing: 2px;
09  text-transform: uppercase;
10  text-align: left;
11  padding: 6px 6px 6px 12px;
12  background: #CAE8EA url(images/bg_header.jpg) no-repeat;
13  }
14
15  td {
16  border-right: 1px solid #C1DAD7;
17  border-bottom: 1px solid #C1DAD7;
18  background: #fff;
19  font-size: 11px;
```

```
20        padding: 6px 6px 6px 12px;
21        color: #4f6b72;
22      }
23      thead th {
24          color: red;
25      }
26      tfoot th {
27          color: blue;
28      }
29      </style>
30      <table cellspacing="0">
31          <thead>
32              <tr>
33                  <th>序号</th>
34                  <th>歌曲名</th>
35                  <th>演唱</th>
36              </tr>
37          </thead>
38          <tbody>
39              <tr>
40                  <th>01</th>
41                  <td>小苹果</td>
42                  <td>筷子兄弟</td>
43              </tr>
44              <tr>
45                  <th>02</th>
46                  <td>匆匆那年</td>
47                  <td>王菲</td>
48              </tr>
49              <tr>
50                  <th>03</th>
51                  <td>喜欢你</td>
52                  <td>G.E.M.邓紫棋</td>
53              </tr>
54              <tr>
55                  <th>04</th>
56                  <td>当你老了</td>
57                  <td>莫文蔚</td>
58              </tr>
59          </tbody>
60          <tfoot>
61              <tr>
62                  <th>序号</th>
```

```
63              <th>歌曲名</th>
64              <th>演唱</th>
65          </tr>
66      </tfoot>
67  </table>
```

浏览器显示效果如图 9.6 所示。

序号	歌曲名	演唱
01	小苹果	筷子兄弟
02	匆匆那年	王菲
03	喜欢你	G.E.M.邓紫棋
04	当你老了	莫文蔚
序号	歌曲名	演唱

图 9.6　添加表格结构

9.5　制作不规则的表格

大多数表格都比较规则，但有时也需要不规则的表格，例如某一单元格需要占据表格中的多行或多列，涉及跨行或跨列显示。通过 colspan 和 rowspan 属性可以制作不规则的表格，例如：

```
01  <style type="text/css">
02  th {
03  font: bold 11px "Trebuchet MS", Verdana, Arial, Helvetica, sans-serif;
04  color: #4f6b72;
05  border-right: 1px solid #C1DAD7;
06  border-bottom: 1px solid #C1DAD7;
07  border-top: 1px solid #C1DAD7;
08  letter-spacing: 2px;
09  text-transform: uppercase;
10  text-align: left;
11  padding: 6px 6px 6px 12px;
12  background: #CAE8EA url(images/bg_header.jpg) no-repeat;
13  }
14
15  td {
```

```
16    border-right: 1px solid #C1DAD7;
17    border-bottom: 1px solid #C1DAD7;
18    background: #fff;
19    font-size: 11px;
20    padding: 6px 6px 6px 12px;
21    color: #4f6b72;
22  }
23  </style>
24  <table cellspacing="0">
25      <thead>
26          <tr>
27              <th>序号</th>
28              <th>歌曲名</th>
29              <th>演唱</th>
30          </tr>
31      </thead>
32      <tbody>
33          <tr>
34              <th>01</th>
35              <td>小苹果</td>
36              <td>筷子兄弟</td>
37          </tr>
38          <tr>
39              <th>02</th>
40              <td>匆匆那年</td>
41              <td colspan="1" rowspan="2">王菲</td>
42          </tr>
43          <tr>
44              <th>03</th>
45              <td>致青春</td>
46          </tr>
47          <tr>
48              <th>04</th>
49              <td>喜欢你</td>
50              <td>G.E.M.邓紫棋</td>
51          </tr>
52          <tr>
53              <th>05</th>
54              <td>当你老了</td>
55              <td>莫文蔚</td>
56          </tr>
57          <tr>
58              <th>06</th>
```

```
59              <td colspan="2" rowspan="2">群星演唱最炫小苹果</td>
60          </tr>
61      </tbody>
62  </table>
```

一个单元格跨多行需要使用 rowspan 属性，即所跨行数；一个单元格需跨多列则使用
colspan 属性，即所跨列数。其中，colspan 和 rowspan 属性值必须是整数。浏览器显示效果
如图 9.7 所示。

序号	歌曲名	演唱
01	小苹果	筷子兄弟
02	匆匆那年	王菲
03	致青春	
04	喜欢你	G.E.M.邓紫棋
05	当你老了	莫文蔚
06	群星演唱最炫小苹果	

图 9.7　跨行和跨列显示表格

9.6　正确地设置表格列

从基本表格可以看出，HTML 的表格是基于行显示的，每个单元格是放置在行中的，
是自上而下通过行组建而成的表格结构。因此，列的处理较之于行处理更为困难一些。如
何优雅地进行列的设置呢？

通过 colgroup 和 col 元素，可以解决这个问题。colgroup 代表一组列，例如：

```
01  <style type="text/css">
02  th {
03  font: bold 11px "Trebuchet MS", Verdana, Arial, Helvetica, sans-serif;
04  color: #4f6b72;
05  border-right: 1px solid #C1DAD7;
06  border-bottom: 1px solid #C1DAD7;
07  border-top: 1px solid #C1DAD7;
08  letter-spacing: 2px;
09  text-transform: uppercase;
10  text-align: left;
```

```
11    padding: 6px 6px 6px 12px;
12  }
13
14  td {
15    border-right: 1px solid #C1DAD7;
16    border-bottom: 1px solid #C1DAD7;
17    font-size: 11px;
18    padding: 6px 6px 6px 12px;
19    color: #4f6b72;
20  }
21
22  #colgroup1 {
23      background-color: red;
24  }
25  #colgroup2 {
26      background-color: green;
27  }
28  </style>
29  <table cellspacing="0">
30      <caption>金曲排行</caption>
31      <colgroup id="colgroup1" span="1"/>
32      <colgroup id="colgroup2" span="2"/>
33      <thead>
34          <tr>
35              <th>序号</th>
36              <th>歌曲名</th>
37              <th>演唱</th>
38              <th>人气</th>
39          </tr>
40      </thead>
41      <tbody>
42          <tr>
43              <th>01</th>
44              <td>小苹果</td>
45              <td>筷子兄弟</td>
46              <td>120093</td>
47          </tr>
48          <tr>
49              <th>02</th>
50              <td>匆匆那年</td>
51              <td colspan="1" rowspan="2">王菲</td>
52              <td colspan="1" rowspan="2">38490</td>
53          </tr>
```

```
54          <tr>
55              <th>03</th>
56              <td>致青春</td>
57          </tr>
58          <tr>
59              <th>04</th>
60              <td>喜欢你</td>
61              <td>G.E.M.邓紫棋</td>
62              <td>37449</td>
63          </tr>
64          <tr>
65              <th>05</th>
66              <td>当你老了</td>
67              <td>莫文蔚</td>
68              <td>93947</td>
69          </tr>
70          <tr>
71              <th>06</th>
72              <td colspan="2" rowspan="2">群星演唱最炫小苹果</td>
73              <td>93984</td>
74          </tr>
75      </tbody>
76  </table>
```

代码第 31 行和 32 行分别定义了 2 个 colgroup 元素，其 span 属性指定了 colgroup 元素管理的列数。其中，第 31 行定义的 colgroup 负责第 1 列，第 32 行定义的 colgroup 负责剩余 3 列。代码第 22~27 行定义了对于的 CSS 样式。如果不指定 span 属性，则默认表示 1 列。浏览器显示效果如图 9.8 所示。

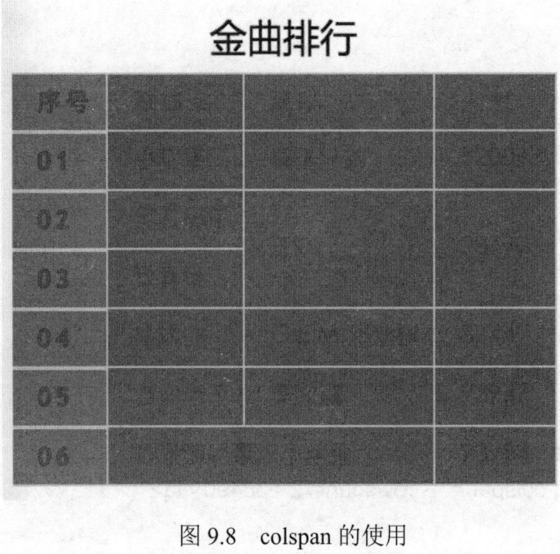

图 9.8　colspan 的使用

9.7 设置表格边框

通过 table 的 border 属性可以规定表格单元周围是否显示边框。border 值为 1 表示应该显示边框，且表格不用于设计目的。例如：

```
01  <table border="1">
02      <caption>金曲排行</caption>
03      <thead>
04          <tr>
05              <th>序号</th>
06              <th>歌曲名</th>
07              <th>演唱</th>
08              <th>人气</th>
09          </tr>
10      </thead>
11      <tbcdy>
12          <tr>
13              <th>01</th>
14              <td>小苹果</td>
15              <td>筷子兄弟</td>
16              <td>120093</td>
17          </tr>
18          <tr>
19              <th>02</th>
20              <td>匆匆那年</td>
21              <td colspan="1" rowspan="2">王菲</td>
22              <td colspan="1" rowspan="2">38490</td>
23          </tr>
24          <tr>
25              <th>03</th>
26              <td>致青春</td>
27          </tr>
28          <tr>
29              <th>04</th>
30              <td>喜欢你</td>
31              <td>G.E.M.邓紫棋</td>
32              <td>37449</td>
33          </tr>
34          <tr>
35              <th>05</th>
36              <td>当你老了</td>
37              <td>莫文蔚</td>
```

```
38              <td>93947</td>
39          </tr>
40          <tr>
41              <th>06</th>
42              <td colspan="2" rowspan="2">群星演唱最炫小苹果</td>
43              <td>93984</td>
44          </tr>
45      </tbody>
46  </table>
```

代码第 1 行设置 border 属性为 1，即显示表格边框，浏览器显示效果如图 9.9 所示。我们发现，该边框不具有任何样式。如需设置更加优美的边框样式，可以通过 CSS 样式进行设计。

金曲排行			
序号	歌曲名	演唱	人气
01	小苹果	筷子兄弟	120093
02	匆匆那年	王菲	38490
03	致青春		
04	喜欢你	G.E.M.邓紫棋	37449
05	当你老了	莫文蔚	93947
06	群星演唱最炫小苹果		93984

图 9.9　显示表格边框

对 table 进行设置 CSS 边框样式，分为几种情况：

- 只对 table 设置边框。
- 对 td 设置边框。

只对 table 进行设置边框：

```
01  <style type="text/css">
02  table{border:1px solid #F00}
03  </style>
04  <table border="0" cellspacing="0" cellpadding="0">
05      <caption>金曲排行</caption>
06      <thead>
07          <tr>
08              <th>序号</th>
09              <th>歌曲名</th>
10              <th>演唱</th>
```

```
11            <th>人气</th>
12        </tr>
13    </thead>
14    <tbody>
15        <tr>
16            <th>01</th>
17            <td>小苹果</td>
18            <td>筷子兄弟</td>
19            <td>120093</td>
20        </tr>
21        <tr>
22            <th>02</th>
23            <td>匆匆那年</td>
24            <td colspan="1" rowspan="2">王菲</td>
25            <td colspan="1" rowspan="2">38490</td>
26        </tr>
27        <tr>
28            <th>03</th>
29            <td>致青春</td>
30        </tr>
31        <tr>
32            <th>04</th>
33            <td>喜欢你</td>
34            <td>G.E.M.邓紫棋</td>
35            <td>37449</td>
36        </tr>
37        <tr>
38            <th>05</th>
39            <td>当你老了</td>
40            <td>莫文蔚</td>
41            <td>93947</td>
42        </tr>
43        <tr>
44            <th>06</th>
45            <td colspan="2" rowspan="2">群星演唱最炫小苹果</td>
46            <td>93984</td>
47        </tr>
48    </tbody>
49 </table>
```

浏览器显示效果如图 9.10 所示。

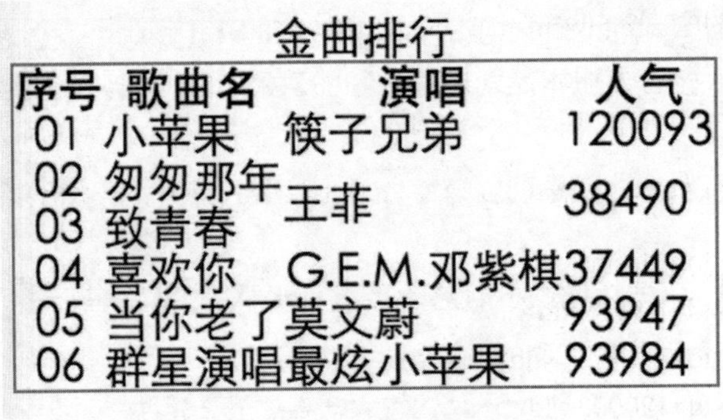

图 9.10 只设置 table 边框

对 td 设置边框：

```
01  <style type="text/css">
02  table td{border:1px solid #F00}
03  </style>
04  <table border="0" cellspacing="0" cellpadding="0">
05      <caption>金曲排行</caption>
06      <thead>
07          <tr>
08              <th>序号</th>
09              <th>歌曲名</th>
10              <th>演唱</th>
11              <th>人气</th>
12          </tr>
13      </thead>
14      <tbody>
15          <tr>
16              <th>01</th>
17              <td>小苹果</td>
18              <td>筷子兄弟</td>
19              <td>120093</td>
20          </tr>
21          <tr>
22              <th>02</th>
23              <td>匆匆那年</td>
24              <td colspan="1" rowspan="2">王菲</td>
25              <td colspan="1" rowspan="2">38490</td>
26          </tr>
27          <tr>
28              <th>03</th>
29              <td>致青春</td>
30          </tr>
```

```
31          <tr>
32              <th>04</th>
33              <td>喜欢你</td>
34              <td>G.E.M.邓紫棋</td>
35              <td>37449</td>
36          </tr>
37          <tr>
38              <th>05</th>
39              <td>当你老了</td>
40              <td>莫文蔚</td>
41              <td>93947</td>
42          </tr>
43          <tr>
44              <th>06</th>
45              <td colspan="2" rowspan="2">群星演唱最炫小苹果</td>
46              <td>93984</td>
47          </tr>
48      </tbody>
49  </table>
```

浏览器显示效果如图 9.11 所示。

金曲排行			
序号	歌曲名	演唱	人气
01	小苹果	筷子兄弟	120093
02	匆匆那年	王菲	38490
03	致青春		
04	喜欢你	G.E.M.邓紫棋	37449
05	当你老了	莫文蔚	93947
06	群星演唱最炫小苹果		93984

图 9.11 对 td 设置边框

9.8 其他表格设计

传统布局网站时可能直接使用 table 进行设计，如今，为了结构、样式分离，避免在结构中直接书写样式代码，通常直接使用 CSS 样式表进行 table 的样式设计，这样对网站结构更加友好和轻便。下面介绍几款常见的表格设计。

简单的表格，使用圆角，并突出行和边框：

```
01  <style>
02  body {
```

```
03        width: 600px;
04        margin: 40px auto;
05        font-family: 'trebuchet MS', 'Lucida sans', Arial;
06        font-size: 14px;
07        color: #444;
08    }
09
10    table {
11        *border-collapse: collapse; /* IE7 and lower */
12        border-spacing: 0;
13        width: 100%;
14    }
15
16    .bordered {
17        border: solid #ccc 1px;
18        -moz-border-radius: 6px;
19        -webkit-border-radius: 6px;
20        border-radius: 6px;
21        -webkit-box-shadow: 0 1px 1px #ccc;
22        -moz-box-shadow: 0 1px 1px #ccc;
23        box-shadow: 0 1px 1px #ccc;
24    }
25
26    .bordered tr:hover {
27        background: #fbf8e9;
28        -o-transition: all 0.1s ease-in-out;
29        -webkit-transition: all 0.1s ease-in-out;
30        -moz-transition: all 0.1s ease-in-out;
31        -ms-transition: all 0.1s ease-in-out;
32        transition: all 0.1s ease-in-out;
33    }
34
35    .bordered td, .bordered th {
36        border-left: 1px solid #ccc;
37        border-top: 1px solid #ccc;
38        padding: 10px;
39        text-align: left;
40    }
41
42    .bordered th {
43        background-color: #dce9f9;
44        background-image: -webkit-gradient(linear, left top, left bottom, from(#ebf3fc), to(#dce9f9));
45        background-image: -webkit-linear-gradient(top, #ebf3fc, #dce9f9);
```

```
46        background-image:     -moz-linear-gradient(top, #ebf3fc, #dce9f9);
47        background-image:     -ms-linear-gradient(top, #ebf3fc, #dce9f9);
48        background-image:      -o-linear-gradient(top, #ebf3fc, #dce9f9);
49        background-image:        linear-gradient(top, #ebf3fc, #dce9f9);
50     -webkit-box-shadow: 0 1px 0 rgba(255,255,255,.8) inset;
51     -moz-box-shadow:0 1px 0 rgba(255,255,255,.8) inset;
52     box-shadow: 0 1px 0 rgba(255,255,255,.8) inset;
53     border-top: none;
54     text-shadow: 0 1px 0 rgba(255,255,255,.5);
55  }
56
57  .bordered td:first-child, .bordered th:first-child {
58     border-left: none;
59  }
60
61  .bordered th:first child {
62     -moz-border-radius: 6px 0 0 0;
63     -webkit-border-radius: 6px 0 0 0;
64     border-radius: 6px 0 0 0;
65  }
66
67  .bordered th:last-child {
68     -moz-border-radius: 0 6px 0 0;
69     -webkit-border-radius: 0 6px 0 0;
70     border-radius: 0 6px 0 0;
71  }
72
73  .bordered th:only-child{
74     -moz-border-radius: 6px 6px 0 0;
75     -webkit-border-radius: 6px 6px 0 0;
76     border-radius: 6px 6px 0 0;
77  }
78
79  .bordered tr:last-child td:first-child {
80     -moz-border-radius: 0 0 0 6px;
81     -webkit-border-radius: 0 0 0 6px;
82     border-radius: 0 0 0 6px;
83  }
84
85  .bordered tr:last-child td:last-child {
86     -moz-border-radius: 0 0 6px 0;
87     -webkit-border-radius: 0 0 6px 0;
88     border-radius: 0 0 6px 0;
```

```
89  }
90  </style>
91  <table class="bordered">
92      <caption>金曲排行</caption>
93      <thead>
94          <tr>
95              <th>序号</th>
96              <th>歌曲名</th>
97              <th>演唱</th>
98              <th>人气</th>
99          </tr>
100     </thead>
101     <tbody>
102         <tr>
103             <th>01</th>
104             <td>小苹果</td>
105             <td>筷子兄弟</td>
106             <td>120093</td>
107         </tr>
108         <tr>
109             <th>02</th>
110             <td>匆匆那年</td>
111             <td colspan="1" rowspan="2">王菲</td>
112             <td colspan="1" rowspan="2">38490</td>
113         </tr>
114         <tr>
115             <th>03</th>
116             <td>致青春</td>
117         </tr>
118         <tr>
119             <th>04</th>
120             <td>喜欢你</td>
121             <td>G.E.M.邓紫棋</td>
122             <td>37449</td>
123         </tr>
124         <tr>
125             <th>05</th>
126             <td>当你老了</td>
127             <td>莫文蔚</td>
128             <td>93947</td>
129         </tr>
130         <tr>
131             <th>06</th>
```

```
132                <td colspan="2" rowspan="2">群星演唱最炫小苹果</td>
133                <td>93984</td>
134            </tr>
135        </tbody>
136  </table>
```

浏览器显示效果如图 9.12 所示。

<table>
<tr><td colspan="5" align="center">金曲排行</td></tr>
<tr><td>序号</td><td>歌曲名</td><td>演唱</td><td>人气</td></tr>
<tr><td>01</td><td>小苹果</td><td>筷子兄弟</td><td>120093</td></tr>
<tr><td>02</td><td>匆匆那年</td><td rowspan="2">王菲</td><td rowspan="2">38490</td></tr>
<tr><td>03</td><td>致青春</td></tr>
<tr><td>04</td><td>喜欢你</td><td>G.E.M.邓紫棋</td><td>37449</td></tr>
<tr><td>05</td><td>当你老了</td><td>莫文蔚</td><td>93947</td></tr>
<tr><td>06</td><td>群星演唱最炫小苹果</td><td></td><td>93984</td></tr>
</table>

图 9.12　圆角表格

条纹表格：

```
01  <style>
02  body {
03      width: 600px;
04      margin: 40px auto;
05      font-family: 'trebuchet MS', 'Lucida sans', Arial;
06      font-size: 14px;
07      color: #444;
08  }
09
10  table {
11      *border-collapse: collapse; /* IE7 and lower */
12      border-spacing: 0;
13      width: 100%;
14  }
15
16  .zebra td, .zebra th {
17      padding: 10px;
18      border-bottom: 1px solid #f2f2f2;
19  }
20
```

```
21   .zebra tbody tr:nth-child(even) {
22       background: #f5f5f5;
23       -webkit-box-shadow: 0 1px 0 rgba(255,255,255,.8) inset;
24       -moz-box-shadow:0 1px 0 rgba(255,255,255,.8) inset;
25       box-shadow: 0 1px 0 rgba(255,255,255,.8) inset;
26   }
27
28   .zebra th {
29       text-align: left;
30       text-shadow: 0 1px 0 rgba(255,255,255,.5);
31       border-bottom: 1px solid #ccc;
32       background-color: #eee;
33       background-image: -webkit-gradient(linear, left top, left bottom, from(#f5f5f5), to(#eee));
34       background-image: -webkit-linear-gradient(top, #f5f5f5, #eee);
35       background-image:      -moz-linear-gradient(top, #f5f5f5, #eee);
36       background-image:       -ms-linear-gradient(top, #f5f5f5, #eee);
37       background-image:        -o-linear-gradient(top, #f5f5f5, #eee);
38       background-image:          linear-gradient(top, #f5f5f5, #eee);
39   }
40
41   .zebra th:first-child {
42       -moz-border-radius: 6px 0 0 0;
43       -webkit-border-radius: 6px 0 0 0;
44       border-radius: 6px 0 0 0;
45   }
46
47   .zebra th:last-child {
48       -moz-border-radius: 0 6px 0 0;
49       -webkit-border-radius: 0 6px 0 0;
50       border-radius: 0 6px 0 0;
51   }
52
53   .zebra th:only-child{
54       -moz-border-radius: 6px 6px 0 0;
55       -webkit-border-radius: 6px 6px 0 0;
56       border-radius: 6px 6px 0 0;
57   }
58
59   .zebra tfoot td {
60       border-bottom: 0;
```

```
61        border-top: 1px solid #fff;
62        background-color: #f1f1f1;
63    }
64
65    .zebra tfoot td:first-child {
66        -moz-border-radius: 0 0 0 6px;
67        -webkit-border-radius: 0 0 0 6px;
68        border-radius: 0 0 0 6px;
69    }
70
71    .zebra tfoot td:last-child {
72        -moz-border-radius: 0 0 6px 0;
73        -webkit-border-radius: 0 0 6px 0;
74        border-radius: 0 0 6px 0;
75    }
76
77    .zebra tfoot td:only-child{
78        -moz-border-radius: 0 0 6px 6px;
79        -webkit-border-radius: 0 0 6px 6px
80        border-radius: 0 0 6px 6px
81    }
82
83
84    </style>
85    <table class="zebra">
86        <caption>金曲排行</caption>
87        <thead>
88            <tr>
89                <th>序号</th>
90                <th>歌曲名</th>
91                <th>演唱</th>
92                <th>人气</th>
93            </tr>
94        </thead>
95        <tfoot>
96            <tr>
97                <td> </td>
98                <td></td>
99                <td></td>
100               <td></td>
```

```
101         </tr>
102     </tfoot>
103     <tbody>
104         <tr>
105             <td>01</td>
106             <td>小苹果</td>
107             <td>筷子兄弟</td>
108             <td>1200903</td>
109         </tr>
110         <tr>
111             <td>02</td>
112             <td>匆匆那年</td>
113             <td>王菲</td>
114             <td>138490</td>
115         </tr>
116         <tr>
117             <td>03</td>
118             <td>致青春</td>
119             <td>王菲</td>
120             <td>138489</td>
121         </tr>
122         <tr>
123             <td>04</td>
124             <td>喜欢你</td>
125             <td>G.E.M.邓紫棋</td>
126             <td>137449</td>
127         </tr>
128         <tr>
129             <td>05</td>
130             <td>当你老了</td>
131             <td>莫文蔚</td>
132             <td>93947</td>
133         </tr>
134         <tr>
135             <td>06</td>
136             <td colspan="2" rowspan="2">群星演唱最炫小苹果</td>
137             <td>93984</td>
138         </tr>
139     </tbody>
140 </table>
```

条纹表格的效果如图 9.13 所示。

金曲排行			
序号	歌曲名	演唱	人气
01	小苹果	筷子兄弟	1200903
02	匆匆那年	王菲	138490
03	致青春	王菲	138489
04	喜欢你	G.E.M.邓紫棋	137449
05	当你老了	莫文蔚	93947
06	群星演唱最炫小苹果		93984

图 9.13　条纹表格

第 10 章　表单与文件

网页表单是用户与网站直接沟通的最主要途径之一。通过表单能够获取用户最直接的反馈信息，这就是为什么需要确保网页表单易于理解、易于使用的原因。网页表单并非都是无趣的，极致的设计和实现能确保表单有趣且有效。表单的符号、图标、颜色、位置或者尺寸每一个细节根据不同的需要都有不同的解决方案。

本章主要涉及的知识点：

- 制作基本表单
- 自动聚焦
- 禁用单个 input 元素
- 使用 button 元素
- 使用表单外的元素
- 关闭输入框的自动提示功能
- 关闭输入法
- 按回车键跳转下一个输入框
- 定制 input 元素
- 生成按钮
- 生成隐藏的数据项
- 输入验证
- 密钥对生成器

10.1　制作基本表单

由于网页表单是网站中与用户沟通的最重要部分之一，必须确保用户容易理解每个表单区域中需要填写什么样的信息。复杂而且长的表单增加了用户的认识难度，更难处理。在网页中，简单且干净的表单似乎是一个不错的选择。一个表单有 3 个基本组成部分：表单标签、表单域和表单提交按钮。

表单标签即<form>标签，表单标签用于申明表单，定义采集数据的范围，也就是<form>中包含的数据将被提交到服务器上。它包含了处理表单数据所用 CGI 程序的 URL 以及数据提交到服务器的方法。语法如下：

```
<form action="url" method="get/post" enctype="mime" target="xx"></form>
```

form 元素的各属性含义如下。

- action="url"：指定处理提交表单的格式，它可以是一个 URL 地址（提交给程式）或一个电子邮件地址。

- method="get/post"：指明提交表单的 HTTP 方法。post——POST 方法在表单的主干包含"名称/值"对并且无须包含于 action 特性的 URL 中；get——不赞成，get 方法把名称/值对加在 action 的 URL 后面并且把新的 URL 送至服务器，这是往前兼容的默认值，这个值由于国际化的原因不赞成使用。

- enctype="cdata"：指定表单数据在发送的服务器之前如何编码，特别注意的是，当含有上传域时要设置编码方式为 enctype="multipart/form-data"，否则后台无法获取到浏览器发送的文件数据。是设置表单的 MIME 编码。默认情况，这个编码格式是 application/x-www-form-urlencoded，不能用于文件上传；只有使用了 multipart/form-data，form 里面的 input 的值以 2 进制的方式传过去，才能完整地传递文件数据。FTP 上传大文件的时候，也有个选项是以二进制方式上传。

- target="..."：指定提交的结果文档显示的位置。_blank——在一个新的、无名浏览器窗口调入指定的文档；_self。在指向这个目标的元素的相同的框架中调入文档；_parent。把文档调入当前框的直接的父 FRAMESET 框中；这个值在当前框没有父框时等价于_self；_top。把文档调入原来的最顶部的浏览器窗口中（因此取消所有其他框架）；这个值等价于当前框没有框时的_self。例如：

```
<form action="http://www.xxx.com/test.php" method="post" target="_blank">...</form>
```

表示表单将向 http://www.xxx.com/test.php 以 post 的方式提交，提交的结果在新的页面显示，数据提交的媒体方式是默认的 application/x-www-form-urlencoded 方式。

表单域包含了文本框、密码框、隐藏域、多行文本框、复选框、单选框、下拉选择框和文件上传框等，用于采集用户的输入或选择的数据。常用的表单标签是输入标签（<input>），输入类型是由类型属性（type）定义的。常用的输入类型如下。

- 文本域（Text Fields）：当需要用户在表单中键入字母、数字等内容时，就会用到文本域。

- 单选按钮（Radio Buttons）：当用户从若干给定的选择中选取其一时，就会用到单选框。

- 复选框（Checkboxes）：当需要用户从若干给定的选择中选取一个或若干选项时，就会用到复选框。

表单按钮包括提交按钮、复位按钮和一般按钮，用于将数据传送到服务器上的 CGI 脚本或者取消输入，还可以用表单按钮来控制其他定义了处理脚本的处理工作。当用户单击确认按钮时，表单的内容会被传送到另一个文件中。表单的动作属性定义了目标文件的文件名。由动作属性定义的这个文件通常会对接收到的输入数据进行相关的处理。

完整的基本表单示例如下：

```
01  <form name="input" action="html_form_action.php" method=" post ">
02      <div class="login-item">
03          <input type="hidden" id="savelogin" name="savelogin" value="0">
04      </div>
05      <div class="login-item">
06          <label for="idInput" class="placeholder" id="idPlaceholder">邮箱: </label>
07          <input class="formIpt formIpt-focus" tabindex="1" title="请输入帐号" id="idInput"
    name="username" type="text" maxlength="50" value="" autocomplete="on">
08      </div>
09      <div class="login-item">
10          <label for="pwdInput" class="placeholder" id="pwdPlaceholder">密码: </label>
11          <input class="formIpt formIpt-focus" tabindex="2" title="请输入密码" id="pwdInput"
12      name="password" type="password">
13      </div>
14      <div class="login-submit">
15          <button id="loginBtn" class="btn btn-main btn-login" tabindex="6" type="submit">登
16        录</button>
17          <button id="loginBtn" class="btn btn-main btn-login" tabindex="6" type="reset">重
      置</button>
18      </div>
19  </form>
```

代码第 6 行使用了 label 标签，label 元素不会向用户呈现任何特殊效果，但是它为鼠标用户改进了可用性。如果在 label 元素内单击文本，就会触发此控件。就是说，当用户选择该标签时，浏览器就会自动将焦点转到和标签相关的表单控件上。例如，当将单选按钮放在 label 内时，单击 label 内的文字也会触发对应的表单项。未设置 CSS 样式表的基本表单浏览器显示效果如图 10.1 所示。

图 10.1　基本表单

10.2　自动聚焦

在页面加载完成后自动将输入焦点定位到需要的元素，用户就可以直接在改元素中进行输入而不需要手动选择它。通过 autofocus 的属性就可以指定这种自动聚焦的功能，示例代码如下：

```
01  <form name="input" action="html_form_action.php" method="post">
02      <div class="login-item">
03          <label for="nick">姓名：<input autofocus id="nick" name="nick"/></label>
04      </div>
05      <div class="login-item">
06          <label for="password">密码：<input id="password" name="password"/></label>
07      </div>
08      <div class="login-submit">
09          <button type="submit">提交</button>
10      </div>
11  </form>
```

当 autofocus 属性设置以后，input、textarea 以及 button 元素在页面加载（load）完成之后，会被自动选中（即获得焦点）。如果尝试其他非表单元素（如 h2 元素），在 tabIndex=0 的情况，autofocus 属性在这些元素上没有效果。

这个属性对主要目的是获取用户输入的页面是很有用的，例如搜索首页（如图 10.2 所示），主要用于引导用户进行搜索，并且可以不用额外的脚本来实现。

图 10.2　自动聚焦

autofocus 属性只能用在设置一个元素上，如果多个元素都设置了 autofocus 属性，那么将会是最后一个元素获取了焦点。

```
<input autofocus="autofocus" />
<button autofocus="autofocus">Hi!</button>
<textarea autofocus="autofocus"></textarea>
```

10.3　禁用单个 input 元素

如果不让用户操作某个 input 元素的内容，可以设置禁用。单个元素禁用在某些情况下是很有必要的，例如在用户按了提交按钮后，利用 JavaScript 将提交按钮设置禁用，这样可以防止网络条件比较差的环境下，用户反复点提交按钮导致冗余的数据存入数据库。禁用可以通过设置 disabled 属性来实现，例如设置 input 元素：

```
01  <form name="input" action="html_form_action.php" method="post">
02      <div class="login-item">
```

```
03          <label for="nick">姓名：<input autofocus id="nick" name="nick"/></label>
04      </div>
05      <div class="login-item">
06          <label for="password">密码：<input id="password" disabled name="password"/>
    </label>
07      </div>
08      <div class="login-submit">
09          <button type="submit">提交</button>
10      </div>
11  </form>
```

disabled 表示禁用 input 元素，不可编辑，不可复制，不可选择，不能接收焦点，后台也不会接收到传值。

图 10.3　禁用 input 元素

还可以将 input 元素设置为只读：

```
01  <form name="input" action="html_form_action.php" method="post">
02      <div class="login-item">
03          <label for="nick">姓名：<input autofocus id="nick" name="nick"/></label>
04      </div>
05      <div class="login-item">
06          <label for="password">密码：<input id="password" disabled name="password"/>
    </label>
07      </div>
08      <div class="login-item">
09          <label for="city">城市：<input type="text" name="city" readonly="readonly"  value="
    北京"/></label>
08      </div>
09      <div class="login-submit">
10          <button type="submit">提交</button>
11      </div>
12  </form>
```

readonly 只针对 input(text/password)和 textarea 有效，而 disabled 对于所有的表单元素都有效，包括 select, radio, checkbox, button 等。但是表单元素在使用了 disabled 后，当我们

将表单以 POST 或 GET 的方式提交的话，这个元素的值不会被传递出去，而 readonly 会将该值传递出去。

10.4　关闭输入框的自动提示功能

许多现代浏览器都有自动完成功能，就是输入过一次的表单，下次输入的时候会提示以前输入过的内容。自动提示避免重复输入非常方便，但有时候又不需要，例如某些搜索框使用了智能输入提示，那么就不需要浏览器自己的输入提示了。

关闭输入框自动提示功能可以使用 autocomplete 属性，例如：

```
<input title="超实用的 HTML 代码段 " name="demo" type="text" autocomplete="off" />
```

10.5　关闭输入法

有些表单中输入内容只允许是数字或英文，例如身份证号或邮箱地址等。为了防止用户非法输入，除了使用正则表达式外，还可以关闭操作系统的输入法。例如：

```
<input id="txtname" style="ime-mode:disabled">
```

这段代码中对 input 元素使用了样式，重点是"ime-mode"样式，代表操作系统的输入法，设置其值为"disabled"表示禁止使用。默认状态下输入法是打开的。

ime 是 Input Method Editor 的简称。它是一种专门的应用程序，用来输入代表东亚地区书面语言文字的不同字符。使用此种输入法，不需要特殊的键盘（对应各种语言的键盘）即可输入东亚诸国（如中文、日文、韩文、俄文等）的各种文字。日本 IME，是可以输入表音文字（かな）与变换表意文字（汉字）的一种输入法，而且它具有人工智慧，可以将一般较常使用的表意语句置于输入法的词库中。

Windows 系统下汉字输入法实际上是将输入的标准 ASCII 字符串按照一定的编码规则转换为汉字或汉字串，进入到目的地。由于应用程序各不相同，用户不可能自己去设计转换程序，因此，汉字输入自然而然落到 WINDOWS 系统管理中。IME 文件是输入法的后缀名，直接可以用的，WINABC.IME 是智能 ABC 输入法，PINTLGNT.IME 是微软拼音输入法，WINGB.IME 是内码输入法，WINPY.IME 是全拼输入法，WINSP.IME 是双拼输入法，WINZM.IME 是郑码输入法。

```
普通的输入框:          <input type="text">
仅能输入英文字符集:   <input type="text"   style="ime-mode:disabled;">
```

ime-mode 的语法如下：

```
ime-mode : auto | active | inactive | disabled
```

- Auto：默认值。不影响 IME 的状态。与不指定 ime-mode 属性时相同。
- Active：指定所有使用 IME 输入的字符。即激活本地语言输入法。用户仍可以撤销激活 IME。
- Inactive：指定所有不使用 IME 输入的字符。即激活非本地语言。用户仍可以撤销激活 IME。
- Disabled：完全禁用 IME。对于有焦点的控件（如输入框），用户不可以激活 IME。

10.6　按回车键跳转至下一个输入框

习惯于键盘操作的用户，往往希望通过键盘就能完成所有的表单操作，那么在表单数据项之间如何通过键盘切换呢？本节讨论如何使用回车键跳转至下一个输入框。示例代码如下：

```
01  <form name="input" action="html_form_action.php" method="post">
02      <input type="hidden" name="userid" value="5392802"/>
03      <div class="login-item">
04          <label for="nick">姓名： <input autofocus class="testClass" id="nick" name="nick"/></label>
05      </div>
06      <div class="login-item">
07          <label for="pinyin">拼音： <input class="testClass" id="pinyin" name="pinyin"/></label>
08      </div>
09      <div class="login-item">
10          <label for="password">密码： <input class="testClass" id="password" disabled name="password"/></label>
11      </div>
12      <div class="login-item">
13          <label for="city">城市： <input class="testClass" type="text" name="city" readonly="readonly"  value="北京"/></label>
14      </div>
15      <div class="login-submit">
16          <button type="submit">提交</button>
17      </div>
18  </form>
19  <script src="js/jquery-1.4.3.min.js"></script>
20  <script>
21  $(document).ready(function() {
22      $("input[class='testClass']").keypress(function(e) {
23          var keyCode = e.keyCode ? e.keyCode : e.which ? e.which : e.charCode;
24          // 判断所按是否是方向右键
```

```
25          if (keyCode == 39) {
26              keyCode == 9;
27          }
28          // 判断所按是否是回车键，FireFox 事件下的 keyCode 是只读的，不能修改
29          if (keyCode == 13){
30              keyCode == 9;
31              // 获取表单中的所有输入框
32              var inputs = $(":input[class='testClass']");
33              // 获取当前焦点输入框所处的位置
34              var idx = inputs.index(this);
35              // 判断是否是最后一个输入框
36              if (idx == inputs.length - 1) {
37              // 取消默认的提交行为
38                  return false;
39              } else {
40                  inputs[idx + 1].focus();      // 设置焦点
41                  inputs[idx + 1].select();     // 选中
42              }
43              // 取消默认的提交行为
44              return false;
45          }
46      });
47  });
48  </script>
```

使用回车键跳转至下一个输入框的原理是箭头输入框的键盘事件，根据 keyCode 判断是否是回车键，是回车键则取消默认的提交行为，设置焦点于下一个输入框中，并设置其选中状态。

10.7　定制 input 元素

在基本表单中我们介绍了 input 元素的基本用法，该元素可以用于生成一个为用户提供输入数据的基本输入框，并未对输入的数据进行任何约束。事实上，通过设定 input 的 type 属性，可以改变用户数据收集的方式。

表 10.1 列出了 input 可以使用的一系列不同的 type 取值。

表 10.1　input 的 type 属性取值

类型名	类型作用
text	用于输入文字
passwork	用于输入密码

类型名	类型作用
submit	用于表单提交
reset	用于表单重置
button	生成普通按钮
number	用于输入数值型
range	用于限制用户输入在一个数值范围内
radio	单选型
email	邮件类型
tel	电话号码类型
url	用于输入URL
date	用于获取日期
datetime	获取世界日期和时间
datetime-local	获取本地日期和时间
month	获取年月信息
time	获取时间
week	获取当前星期
color	获取颜色值
search	获取搜索词
hidden	生成隐藏的数据项
image	生成图像按钮
file	文件类型

例如，使用 input 输入文字：

```
<input type="text" maxlength="10" placeholder="请留言">
```

使用 input 输入密码：

```
<input type="passwork" maxlength="10" placeholder="请输入密码">
```

使用 input 生成按钮：

```
<input type="submit" value="提交">
```

使用 input 获取数值型数据：

```
<input type="number" min="10" max="1000" step="10" placeholder="请输入数字" value="10">
```

使用 input 获取布尔型数据：

```
<input type="checkbox" value="married" id="married">
```

使用 input 获取日期：

```
<input type="date" id="date">
```

日期的一些效果如图 10.4 所示。

图 10.4　input 的日期类型示例

10.8　生成隐藏的数据项

有时表单中的一些数据项是与当前用户没有直接关联或不希望用户直接可见的，但在提交表单时又必须将其发送给服务器，这种情况下可以使用隐藏的数据项。例如，用户直接可见的是昵称，但提交时需要将用户 ID 提交到服务器，用户 ID 往往作为主键提交到数据库记录，对用户而言毫无意义，因此可以隐藏。使用 hidden 类型的 input 元素可以生成隐藏的数据项。示例代码如下：

```
01  <form name="input" action="html_form_action.php" method="post">
02      <input type="hidden" name="userid" value="5392802"/>
03      <div class="login-item">
04          <label for="nick">姓名：<input autofocus id="nick" name="nick"/></label>
05      </div>
06      <div class="login-item">
07          <label for="password">密码：<input id="password" disabled name="password"/>
    </label>
08      </div>
09      <div class="login-item">
10          <label for="city">城市：<input type="text" name="city" readonly="readonly" value="
    北京"/></label>
11      </div>
12      <div class="login-submit">
13          <button type="submit">提交</button>
14      </div>
15  </form>
```

代码第 2 行使用了一个 input 元素，将其类型 type 属性设置为 hidden，浏览器则不会显示该元素。本例浏览效果如图 10.5 所示。

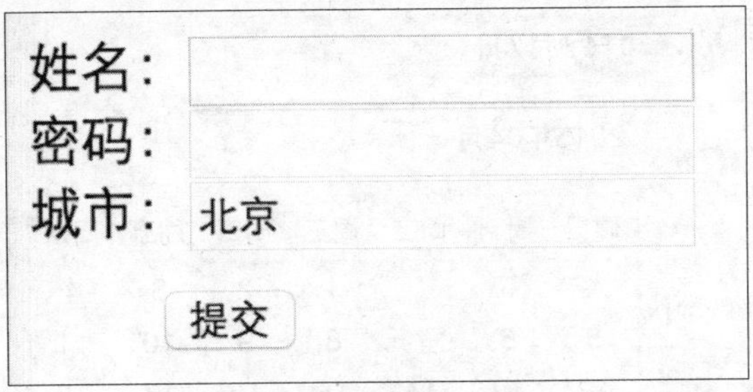

图 10.5　隐藏的表单项

用户提交表单时，浏览器仍会将 hidden 类型的元素的 name 和 value 作为普通数据项提交到服务器上。

10.9　输入验证

在 HTML 5 之前，输入验证通常需要借助 JavaScript 脚本来实现。

HTML 5 引入了输入验证，如果设置了表单元素的输入类型之后，浏览器在表单提交之前，会将数据项进行检查确认数据是否有效；一旦发现数据不符合预设类型规范，会自动进行更正，直到所有数据类型都正确之后才能提交表单。

注意： 目前浏览器对输入验证的支持不太一致，且浏览器的输入验证只是对服务器验证的补充，不能完全替代服务器验证。

HTML 5 输入验证是通过设置表单元素的属性进行控制的，具体输入验证的支持如表 10.2 所示。

表 10.2　输入验证

验证属性	针对的元素
required	textarea,select,input类型为text,password,checkbox,radio,file,datetime, datetime-local, date,month,time,week,number,email, url, search, tel型
min	input类型为datetime, datetime-local, date,month, time, week, number,range型
max	input类型为datetime, datetime-local, date,month, time, week, number,range型
pattern	input的类型为text,password,email,urk,search,tel型

例如，必填验证：

```
<input type="checkbox" required id="name" name="name">
```

确保输入数值范围：

```
<input type="number" min="10" max="1000" step="10" placeholder="请输入数字" value="10">
```

输入值为 email：

```
<input type="email" id="email" name="email" placeholder="请输入电子邮件" pattern=
    ".*@163.com$">
```

禁用浏览器输入验证：

```
<input type=" submit " id="submit" name=" submit " formnovalidate>
```

10.10　生成按钮

在 10.8 节中，我们将 button 元素的 type 属性设置为 submit，那么当用户单击按钮时，将会提交表单。如果 button 未设置 type 属性，button 的默认行为也是如此。使用 button 元素，还可以使用其他属性，如表 10.3 所示。

表 10.3　button相关的属性

属性名	属性作用
form	指定按钮关联的表单
formaction	覆盖form元素的action属性，重新指定表单提交的URL
formenctype	覆盖form元素的enctype属性，重新指定表单的编码方式
formmethod	覆盖form元素的method属性，重新指定表单提交的方式
formtarget	覆盖form元素的target属性，重新指定目标窗口
formnovalidate	覆盖form元素的novalidate属性，设置是否执行客户端数据有效性检测

这些属性用于覆盖或补充 form 元素的属性，指定表单提交的目标、提交方式、编码方式、数据检测等。例如：

```
01  <form>
02      <input type="hidden" name="userid" value="5392802"/>
03      <div class="login-item">
04          <label for="nick">姓名：<input autofocus id="nick" name="nick"/></label>
05      </div>
06      <div class="login-item">
07          <label for="password">密码：<input id="password" disabled name="password"/>
    </label>
08      </div>
09      <div class="login-item">
10          <label for="city">城市：<input type="text" name="city" readonly="readonly"    value="
    北京"/></label>
11      </div>
12      <div class="login-submit">
13          <button type="submit" formaction="test.php" formmethod="post">提交</button>
```

```
14      </div>
15  </form>
```

代码第 1 行在 form 元素上未设置 action 和 method 属性，进而在代码第 13 行的 button 上设置 formaction 和 formmethod 属性进行补充。

10.11　使用表单外的元素

前几节中我们介绍的表单结构和表单元素都必须包含在 form 元素之内，通常我们看到的案例也都是如此。在 HTML 5 中，打破了这种限制条件。我们可以在表单之外设置表单元素，并通过设置表单元素的 form 属性与对应的表单元素进行关联。例如：

```
01  <form id="login">
02      <input type="hidden" name="userid" value="5392802"/>
03      <div class="login-item">
04          <label for="nick">姓名：<input autofocus id="nick" name="nick"/></label>
05      </div>
06      <div class="login-item">
07          <label for="password">密码：<input id="password" disabled name="password"/>
    </label>
08      </div>
09      <div class="login-item">
10          <label for="city">城市：<input type="text" name="city" readonly="readonly"  value="
    北京"/></label>
11      </div>
12  </form>
13  <button form="login" type="submit" formaction="test.php" formmethod="post">提交</button>
14  <button form="login" type="reset">重置</button>
```

代码第 13 行与第 14 行的 button 元素均未包含在具体的 form 元素之中，但是通过设置 form 属性为之前所定义的 form 元素的 id 属性值，这两个 button 元素仍然与 form 产生了关联。

10.12　显示进度

<progress> 标签定义运行中的进度（进程），可以使用<progress>标签来显示 JavaScript 中耗费时间的函数的进度。

例如对象的下载进度：

```
<progress>
```

```
<span id="objprogress">85</span>%
</progress>
```

progress 元素浏览器支持情况如图 10.6 所示（参考 http://caniuse.com/#search=progress）。

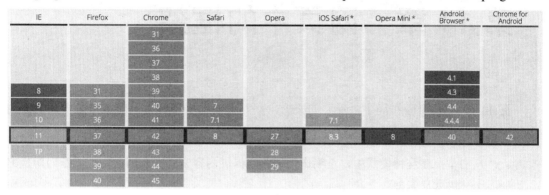

图 10.6　progress 浏览器支持情况

10.13　密钥对生成器

keygen 是 HTML 中的新元素，用于生成公开/私有密钥对。这是公开密钥的一项重要功能。公开密钥是包括客户端证书和 SSL Secure Sockets Layer（安全套接层）在内的众多 Web 安全技术基础。提交表单时，keygen 元素会生成一对新的密钥。公钥通过表单发送给服务器，而私钥则由浏览器保存并存入用户的密钥账户。例如：

```
01  <form action="demo_keygen.asp" method="get">
02  Username: <input type="text" name="usr_name" />
03  Encryption: <keygen name="security" />
04  <input type="submit" />
05  </form>
```

<keygen>标签规定用于表单的密钥对生成器字段，当提交表单时，私钥存储在本地，公钥发送到服务器。

目前几乎所有主流浏览器都支持<keygen>标签，但除了 IE 和 Safari。不过，不同浏览器将其提供给用户的方式各不相同，如需在生产环境中使用 keygen 元素，在兼容性上需进一步处理。

第 11 章　网页中的框架

页面的框架是页面布局中最重要的概念，网站设计的框架实际上就是指怎样把页面的显示区划分开来。一般说来框架有以下几种模式。

- 左右型：在这种模式中，左侧作为导航，提供内容索引；右侧一块区域作为切换的主体内容显示部分。
- 上下型：与左右型类似，只是上部分作为索引，下部分作为主体内容展示区。
- 复合型：这是左右型与上下型两种类型的结合，这种类型现在比较普遍，在实际的站点中，因为其巨大的信息量，都会采用这种类型的框架结构，以期在有限的页面空间上排列更多的内容。

以上只是说明了几种目前比较流行的框架结构，实际中，可以根据网站需要设计出更复杂、更新颖的框架结构。本章主要涉及的知识点：

- 使用 iframe
- 垂直框架
- 水平框架
- 使用<noframes>标签
- 导航框架
- 嵌入式框架
- 跳转至框架内指定的节

11.1　在页面中使用 iframe

iframe 是框架的一种形式，也比较常用，它提供了一个简单的方式把一个页面的内容嵌入到另一个页面中。iframe 一般用来包含别的页面，例如我们可以在我们自己的网站页面加载其他网站的内容，为了更好的效果，可能需要使 iframe 产生透明效果，那么就需要了解更多的 iframe 属性。iframe 相关属性见表 11.1 所示。

表 11.1　iframe相关的属性

属性名	值	说明
align	left right top middle bottom	规定如何根据周围的元素来对齐此框架。不赞成使用。请使用样式代替
frameborder	1 0	规定是否显示框架周围的边框
height	pixels %	规定iframe的高度
longdesc	URL	规定一个页面，该页面包含了有关iframe的长描述
marginheight	pixels	定义iframe的顶部和底部的边距
marginwidth	pixels	定义iframe的左侧和右侧的边距
name	frame_name	规定iframe的名称
scrolling	yes no auto	规定是否在iframe中显示滚动条
src	URL	规定在iframe中显示的文档的 URL
width	pixels %	定义iframe的宽度
align	left right top middle bottom	不赞成使用。请使用样式代替 规定如何根据周围的元素来对齐此框架
frameborder	1 0	规定是否显示框架周围的边框
height	pixels %	规定iframe的高度

iframe 标签是成对出现的，以<iframe>开始，以</iframe>结束，并且 iframe 元素会创建包含另外一个文档的内联框架（即行内框架）。可以把需要的文本放置在<iframe>和</iframe>之间，这样就可以应对无法理解 iframe 的浏览器，iframe 标签内的内容可以作为浏览器不支持 iframe 标签时显示。例如使用像素定义 iframe 框架大小：

```
<iframe src="test.html" width="200" height="500" frameBorder=0 marginwidth=0 marginheight=0
    scrolling=no>
这里使用了框架技术，但是您的浏览器不支持框架，请升级您的浏览器以便正常访问。
</iframe>
```

width="200" height="500"为嵌入的网页的宽度和高度，数值越大，范围越大；当要隐藏显示嵌入的内容时，可把这两个数值设置为0。

scrolling="no"为嵌入的网页的滚动设置，当内容范围较大时，可设置允许滚动为scrolling="yes"。

frameBorder=0 为嵌入的网页的边框设置，0 表示无边框，1 表示边框粗细，数值越大边框越粗。

marginwidth=0 marginheight=0 设置嵌入网页边距的距离，0 表示无边距。

使用百分比定义 iframe 框架大小：

```
<iframe src="http://www.baidu.com" width="20%" height="50%" frameBorder=0 marginwidth=0
    marginheight=0 scrolling=no >
这里使用了框架技术，但是您的浏览器不支持框架，请升级您的浏览器以便正常访问
</iframe>
```

11.2　设置 iframe 透明背景色

通常 iframe 底色会是白色，在不同浏览器下可能会有不同的颜色，如果主页面有一个整体的背景色或者背景图片的时候，iframe 区域便会出现一个白色块，与主体页面不协调，这就需要 iframe 透明。例如：

```
<iframe src="test.html" allowtransparency="true" style="background-color=transparent" title="test"
    frameborder="0" width="470" height="308" scrolling="no"></iframe>
```

当然前提是 iframe 页面中没有设置颜色。iframe 透明主要是使用了：

```
allowtransparency="true" style="background-color=transparent"
```

11.3　让 iframe 高度自适应

不带边框的 iframe 因为能和网页无缝地结合从而使在不刷新页面的情况下更新页面的部分数据成为可能，可是 iframe 的大小却不像层那样可以"伸缩自如"，所以带来了使用上的麻烦，给 iframe 设置高度的时候多了也不好，少了更是不行，现在，让我来告诉大家一种 iframe 动态调整高度的方法，主要是以下 JavaScript 实现的：

```
01   <iframe src="./frame/frame_a.html" allowtransparency="true" style="background-color=transparent"
     title="test"  frameborder="0"  width="470"  height="308"  scrolling="no"  onload="javascript:
     SetWinHeight(this)"></iframe>
02
03   <script type="text/javascript">
04   function SetWinHeight(obj) {
05       var win = obj;
06       if (document.getElementById) {
07           if (win && !window.opera) {
08               debugger
09               if (win.contentDocument && win.contentDocument.body.offsetHeight){
```

```
10                    win.height = win.contentDocument.body.offsetHeight;
11                }else if (win.Document && win.Document.body.scrollHeight){
12                    win.height = win.Document.body.scrollHeight;
13                }
14            }
15        }
16 }
17 </script>
```

其中，代码第 4 行定义的 SetWinHeight(obj)方法在 iframe 加载成功时触发 onload 事件执行，将当前 iframe 的高度设置为被引用页面的高度，已达到高度自适应的效果。

11.4　垂直框架

frameset 元素叫定义一个框架集，用来组织多个窗口（框架），每个框架存有独立的文档。在其最简单的应用中，frameset 元素仅仅会规定在框架中集中存在多少列或多少行，因此必须使用 cols 或 rows 属性。目前，所有浏览器都支持<frameset>标签。

垂直框架的示例代码如下：

```
01 <frameset cols="25%,50%,25%">
02        <frame src="frame/frame_a.html">
03        <frame src="frame/frame_b.html">
04        <frame src="frame/frame_c.html">
05
06        <noframes>
07            <body>您的浏览器无法处理框架！</body>
08        </noframes>
09
10 </frameset>
```

其中，第 1 行使用 frameset 元素定义了一个框架集，使用 cols 列属性来定义框架的布局方式以及每个被引用的框架所占用的宽度比例。

浏览器显示效果如图 11.1 所示。

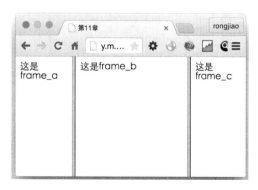

图 11.1　垂直框架

11.5　水平框架

设计水平框架与垂直框架类似，也需要使用 frameset 框架集，但需要用到其 rows 属性，例如：

```
01  <frameset rows="25%,50%,25%">
02      <frame src="frame/frame_a.html">
03      <frame src="frame/frame_b.html">
04      <frame src="frame/frame_c.html">
05
06      <noframes>
07        <body>您的浏览器无法处理框架！</body>
08      </noframes>
09
10  </frameset>
```

浏览器显示效果如图 11.2 所示。

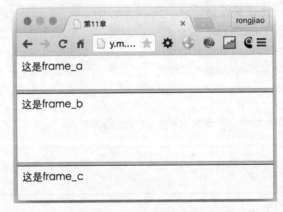

图 11.2　水平框架

11.6　混合框架

在实际的网站中，因为其巨大的信息量，都会采用垂直与水平混合的框架结构，以期在有限的页面空间上排列更多的内容。例如：

```
01  <frameset rows="50%,50%">
02
03      <frame src="frame/frame_a.html">
```

```
04
05      <frameset cols="25%,75%">
06          <frame src="frame/frame_b.html">
07          <frame src="frame/frame_c.html">
08      </frameset>
09
10  </frameset>
```

代码第 1 行通过 frameset 的 rows 属性定义了一个水平框架，代码第 5 行通过嵌套的 frameset 来设置其 cols 属性，即垂直框架，以达到水平框架与垂直框架混合的效果。

浏览器显示效果如图 11.3 所示。

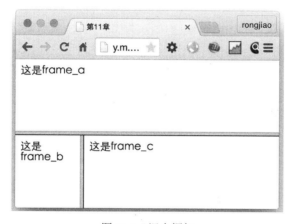

图 11.3 混合框架

11.7 使用<noframes>标签

细心的读者就会发现，前面介绍框架布局时，均使用了 noframes 元素。noframes 元素可为那些不支持框架的浏览器显示文本。noframes 元素位于 frameset 元素的内部。noframes 标签是成对出现的，以<noframes>开始，以</noframes>结束，所有浏览器都支持 <noframes> 标签。

尤其需要注意的是，frameset 内不能包含 body 标签，但是 noframes 内部必须包含 body 标签，例如：

```
01  <frameset cols="25%,50%,25%">
02      <frame src="frame_a.html">
03      <frame src="frame_b.html">
04      <frame src="frame_c.html">
05  <noframes>
06  <body>您的浏览器无法处理框架！</body>
```

```
07   </noframes>
08   </frameset>
```

在不支持 frameset 的浏览器中，将看到不支持的提示，如图 11.4 所示。

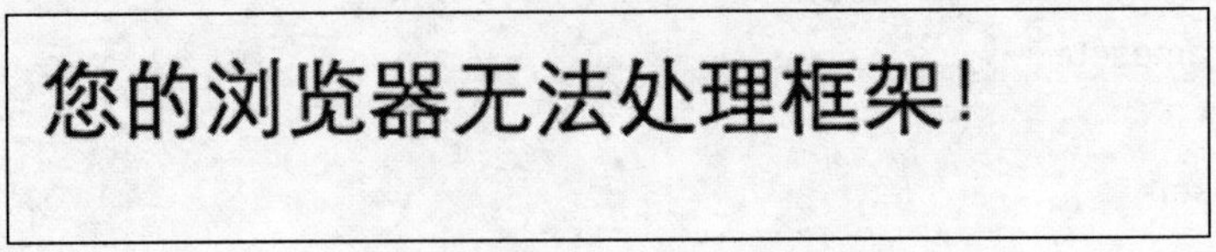

您的浏览器无法处理框架！

图 11.4   noframe

第 12 章　HTML 5 Canvas

在过去的 Web 前端开发中，如果需要在页面上绘图或者生成相关图形的话，最常见的实现方式是使用 Flash。而在 HTML 5 标准中，HTML Canvas（画布）能够更加方便地实现 2D 绘制图形、图像以及各种动画效果。在本章中我们将介绍 HTML 5 Canvas 常见的使用场景及相关实现。

本章主要涉及的知识点：

- 如何使用 canvas
- 使用路径和坐标
- 绘制图形：矩形和圆形
- 用纯色填充图形
- 使用渐变色填充
- 在画布中写字
- 相对文字大小
- 输出 PNG 图片文件
- 复杂场景使用多层画布
- 使用 requestAnimationFrame 制作游戏或动画
- HTML 5 如何显示满屏 canvas

12.1　在页面中使用 canvas 元素

canvas 元素是 HTML 5 的新元素，用于在网页上绘制图形，相当于在 HTML 中嵌入了一张画布，这样就可以直接在页面上进行图形操作了，因此 canvas 具有极大的应用价值，可以在较多场景下使用。

使用 canvas 标签，只需要在页面中添加 canvas 元素即可，实现代码如下：

```
<canvas id="rectCanvas" width="200" height="100">
    your browser doesn't support the HTML 5 elemnt canvas.
</canvas>
```

canvas 元素本身是没有绘图能力的，需要借助额外的 JavaScript 脚本来实现绘图功能，例如：

```
01  <canvas id="rectCanvas" width="200" height="100"></canvas>
02  <script type="text/javascript">
03  onload = function (){
04      draw();
05  }
06  function draw(){
07      /* 验证 Canvas 元素是否存在，以及浏览器是否支持 Canvas 元素 */
08      var canvas = document.getElementById('rectCanvas');
09      /* 创建 context 对象 */
10      if (!canvas || !canvas.getContext) {
11          return false;
12      }
13      var ctx = canvas.getContext('2d');      // 画一个红色矩形
14      ctx.fillStyle = "#FF0000";              //采用 fillStyle 方法将画笔颜色设置为红色
15      ctx.fillRect(0, 0, 150, 75);
16  }
17  </script>
```

图 12.1　用 canvas 元素绘制矩形

代码第 8 行根据 canvas 的 id 或 name 属性，获取 canvas 对象，使用的是 getElementById() 方法；如果给 canvas 标签加入了 name 属性，那么也可以使用 getElementByTagName 来获取 canvas 对象。要使用 canvas 元素，必须先判断这个元素是否存在及用户所使用的浏览器是否支持此元素。上面的代码在使用 getContext() 方法时，传递了一个 "2d" 参数，这就可以得到二维的 context 对象以实现二维图形的描画。试想一下，如果将来 canvas 可以描画三维图形，或许也可以使用 "3d" 参数。但是目前还只能使用 "2d" 作为参数。

本书写作之际，各浏览器对 canvas 的支持情况如图 12.2 所示（参见：http://caniuse.com/#search=canvas）。

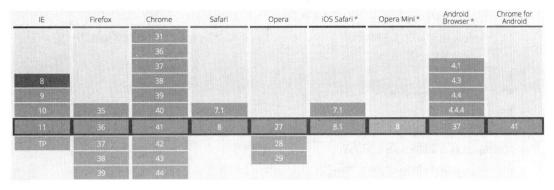

图 12.2　canvas 浏览器支持情况

12.2　使用路径和坐标

如需对图 12.1 所示的矩形绘制边框，例如图 12.3 所示，在矩形上方绘制两条蓝色的边框。

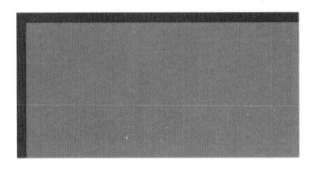

图 12.3　绘制路径

对于 canvas，我们可以使用"路径"来描画任何图形。路径，简单来说就是一系列的点以及连接这些点的线。任何 canvas 上下文只会有一个"当前路径"。

```
01  <canvas id=" rectCanvas " width="200" height="100"></canvas>
02  <script type="text/javascript">
03  onload = function (){
04      draw();
05  }
06  function draw(){
07      /* 验证 Canvas 元素是否存在，以及浏览器是否支持 Canvas 元素 */
08      var canvas = document.getElementById('rectCanvas');
09      /* 创建 context 对象 */
10      if (!canvas || !canvas.getContext) {
11          return false;
12      }
```

```
13        var ctx = canvas.getContext('2d');          //画一个红色矩形
14        ctx.fillStyle = "#FF0000";                  //采用 fillStyle 方法将画笔颜色设置为红色
15        ctx.fillRect(0, 0, 150, 75);
16
17        drawScreen(ctx);
18    }
19
20    function drawScreen(context) {
21        context.strokeStyle = "blue";               //设置填充颜色
22        context.lineWidth = 10;                      //设置线条宽度
23        context.lineCap = 'square';                  //设置线条起点样式
24        context.beginPath();                         //开始绘制
25        context.moveTo(0, 0);                        //移至坐标(0,0)点
26        context.lineTo(145, 0);                      //移至坐标(145,0)点
27        context.moveTo(0, 0);                        //移至坐标(0,0)点
28        context.lineTo(0, 70);                       //移至坐标(0,70)点
29        context.stroke();                            //绘制当前路径
30        context.closePath();                         //关闭路径
31    }
32
33    </script>
```

【代码解析】

代码第 14 行调用 beginPath()可以开始一个路径，而代码第 30 行调用 closePath()则会令该路径结束。代码第 29 行的 stroke()方法会实际地绘制出通过 moveTo()和 lineTo()方法定义的路径，默认颜色是黑色，代码第 21 行定义了路径的颜色为蓝色。如果连接路径中的点，那么这种连接就构成了一个"子路径"。如果"子路径"中最后一个点与其自身的第一个点相连，我们就认为该"子路径"是"闭合"的。绘制线条最基本的路径操作由反复调用 moveTo()和 lineTo()命令组成，代码第 25～28 行可见。

第 23 行定义了 lineCap 属性，即在 canvas 中线段两头的样式，可设置为以下三个值中的一个。

- butt：默认值；在线段的两头添加平直边缘。
- round：在线段的两头各添加一个半圆形线帽。线帽直径等于线段的宽度。
- square：在线段的两头添加正方形线帽。线帽边长等于线段的宽度。

绘制完线条后，如何在 canvas 中获取坐标呢？当用到鼠标事件的时候常要获取当前鼠标所在 X，Y 值。如果鼠标事件作用的是窗口对象时，获取鼠标的 X,Y 很简单，但当鼠标事件作用的是窗口里的一个对象的时候，就要考虑对象在窗口的位置。

由于 canvas 对象的特殊性，在这里要分析的是当鼠标事件作用在 canvas 对象中时，需要获取的 X,Y 的坐标的问题。示例代码如下：

```
01  <canvas id=" rectCanvas" width="200" height="100"></canvas>
02  <div>
03      窗口的 X，Y 值：
04      <input type="text" id="input_window" value=""/><br/><br/>
05      canvas 的 X，Y 值：
06      <input type="text" id="input_canvas" value=""/>
07  </div>
08  <script type="text/javascript">
09  onload = function (){
10      draw();
11  }
12  function draw(){
13      /* 验证 Canvas 元素是否存在，以及浏览器是否支持 Canvas 元素 */
14      var canvas = document.getElementById('rectCanvas');
15      /* 创建 context 对象 */
16      if (!canvas || !canvas.getContext) {
17          return false;
18      }
19      var ctx = canvas.getContext('2d');      //画一个红色矩形
20      ctx.fillStyle = "#FF0000";              //采用 fillStyle 方法将画笔颜色设置为红色
21      ctx.fillRect(0, 0, 150, 75);
22
22      drawScreen(ctx);
23
24      canvas.onclick = function(event) {
25          var loc = windowTocanvas(canvas, event.clientX, event.clientY)
26          var x = parseInt(loc.x);
27          var y = parseInt(loc.y);
28          document.getElementById("input_window").value = event.clientX + "--" + event.clientY;
29          document.getElementById("input_canvas").value = x + "--" + y;
30      }
31  }
32
33  function drawScreen(context) {
34      context.strokeStyle = "blue";
35      context.lineWidth = 10;
36      context.lineCap = 'square';
37      context.beginPath();
38      context.moveTo(0, 0);
39      context.lineTo(145, 0);
40      context.moveTo(0, 0);
41      context.lineTo(0, 70);
42      context.stroke();
```

```
43        context.closePath();
44   }
45
46   function windowTocanvas(canvas, x, y) {
47        var bbox = canvas.getBoundingClientRect();
48        return {
49            x: x - bbox.left * (canvas.width / bbox.width),
50            y: y - bbox.top * (canvas.height / bbox.height)
51        };
52
53   }
54
55   </script>
```

【代码解析】

代码第 34~43 行使用的方法即创建基本的 canvas 矩形，而在代码第 47 行使用了
getBoundingClientRect()方法来获取 canvas 这个矩形对象，代码第 48 行返回了鼠标在矩形
中的相对坐标 x 与 y。浏览器显示效果如图 12.4 所示。

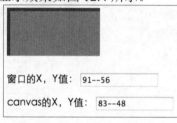

图 12.4　获取 canvas 坐标

12.3　绘制弧形和圆形

在 12.1 节中我们介绍了 canvas 绘制矩形的基本方法，本节将介绍弧形和圆形的绘制方
法。例如，我们希望实现一个如图 12.5 所示的笑脸。

图 12.5　canvas 绘制圆弧

实现代码如下所示：

```
01  <canvas id="rectCanvas" width='400' height="300">
02      your browser doesn't support the HTML 5 elemnt canvas.
03  </canvas>
04
05  <script type="text/javascript">
06  onload = function (){
07      drawRadian();
08  }
09  function drawRadian(){
10      var context = document.getElementById('rectCanvas').getContext('2d');
11      context.beginPath();
12      context.strokeStyle = "rgb(0,0,0)";
13      context.arc(100,100,100,0,2*Math.PI,true);
14      context.closePath();
15      context.fillStyle = '#f5cf3e';
16      context.fill();
17
18      context.beginPath();
19      context.arc(50,75,25,0,2*Math.PI,true);
20      context.fillStyle = '#bb751b';
21      context.fill();
22
23      context.beginPath();
24      context.arc(50,75,20,0,2*Math.PI,true);
25      context.fillStyle = '#fff';
26      context.fill();
27
28      context.beginPath();
29      context.arc(50,85,10,0,2*Math.PI,true);
30      context.fillStyle = '#5a2414';
31      context.fill();
32
33      context.beginPath();
34      context.arc(150,75,25,0,2*Math.PI,true);
35      context.fillStyle = '#bb751b';
36      context.fill();
37
38      context.beginPath();
39      context.arc(150,75,20,0,2*Math.PI,true);
40      context.fillStyle = '#fff';
41      context.fill();
```

```
42
43        context.beginPath();
44        context.arc(150,85,10,0,2*Math.PI,true);
45        context.fillStyle = '#5a2414';
46        context.fill();
47
48        context.beginPath();
49        context.arc(100,125,10,0,2*Math.PI,true);
50        context.fillStyle = 'rgb(177,94,33)';
51        context.fill();
52
53        context.beginPath();
54        context.strokeStyle = "rgb(177,94,33)";
55        context.lineWidth = 5;
56        context.arc(100,150,25,Math.PI/6,5*Math.PI/6,false);
57
58        context.stroke();
59
60    }
61  </script>
```

【代码解析】

在代码第 9~60 行中，反复使用绘制圆形的方法，分别绘制出笑脸轮廓、眼睛轮廓、瞳孔、鼻子和嘴巴。这其中，在 Canvas 中绘制弧形和圆形的计算方法是：

arc(x, y, radius, startAngle, endAngle, bAntiClockwise)

其中，

- x,y：是 arc 的中心点。
- radius：是半径长度。
- startAngle：是以 starAngle 开始（弧度）。
- endAngle：是以 endAngle 结束（弧度）。
- bAntiClockwise：是否是逆时针，设置为 true 意味着弧形的绘制是逆时针方向的，设置为 false 意味着顺时针进行。

12.4 用纯色填充图形

在 12.2 节中介绍了描边的方法 stroke，本节将介绍在 canvas 中使用纯色填充图形的方法。在 12.3 节中，已经用到 fill()方法，没错，就是用来填充的。可以使用 fillStyle 设置填充样式，语法如下：

ctx.fillStyle = '颜色';默认的填充样式是不透明的黑色

此外，可以使用 fillRect()方法填充矩形：

ctx.fillRect(x,y,width,height);

绘制矩形示例代码：

```
01  <script>
02  var canvas = document.getElementById('mycanvas'),
03      context = canvas.getContext('2d');
04
05  context.fillStyle = 'orange';
06  context.fillRect(150, 150, 100, 100); //参数分别是：矩形左上角坐标 x，y，矩形宽度，矩形高
        度
07  </script>
```

【代码解析】

代码第 5 行中设置了填充的颜色，代码第 6 行使用 fillRect 方法进行填充矩形，传入的 4 个参数分别是矩形左上角坐标 x,y，矩形宽度，矩形高度。

浏览器显示效果如图 12.6 所示。

图 12.6　用纯色填充矩形

绘制圆形示例代码如下：

```
01  var canvas = document.getElementById('mycanvas'),
02      context = canvas.getContext('2d');
03
04  var centerX = canvas.width / 2;
05  var centerY = canvas.height / 2;
06  var radius = 70;
07
08  context.beginPath();
09  context.arc(centerX, centerY, radius, 1 * Math.PI, 2 * Math.PI, false);
10  context.closePath();
```

```
11   context.fillStyle = 'orange';
12   context.fill();
13   context.lineWidth = 3;
14   context.strokeStyle = '#eee;
15   context.stroke();
```

【代码解析】

代码第 9 行使用 arc 方法绘制出圆形，并在第 11~15 行中对所绘制的矩形设置填充颜色后进行填充。

本例效果如图 12.7 所示。

图 12.7　用纯色填充圆形

12.5　使用渐变色填充

在 canvas 中可以实现线性渐变和径向渐变两种渐变色，我们先看如何创建线性渐变。创建线性渐变是 createLinearGradient()，语法如下：

```
createLinearGradient(x1,y1,x2,y2)
```

其中，x1,y1 表示线性渐变的起点坐标，x2,y2 表示终点坐标。创建一个水平的线性渐变：

```
var linear = ctx.createLinearGradient(100,100,200,100);
```

渐变创建了，但是这个渐变是空的，没有使用颜色进行填充。

在渐变中加颜色的方法是 addColorStop()，例如：

```
var linear = ctx.createLinearGradient(100,100,200,100);
linear.addColorStop(0,'#f6e98d');
linear.addColorStop(0.5,'#f4c736');
linear.addColorStop(1,'#e7a01d');
```

以上代码中使用了 3 个 addColorStop 方法，为渐变条加上了 3 种颜色。需要注意的是，addColorStop 的位置参数，是介于 0-1 之间的数字，可以是两位小数，表示百分比。

最后是填充渐变色，把定义好的渐变赋给 fillStyle：

```
01  var linear = ctx.createLinearGradient(100,100,200,100);
02  linear.addColorStop(0,'#f6e98d');
03  linear.addColorStop(0.5,'#f4c736');
04  linear.addColorStop(1,'#e7a01d');
05  ctx.fillStyle = linear;                     //把渐变赋给填充样式
06  ctx.fillRect(100,100,100,100);
07  ctx.stroke();
```

效果如图 12.8 所示。

图 12.8　线性渐变

注意：fillRect 与 strokeRect 画出的都是独立的路径，如上面的代码，在 fillRect 后调用描边，并不会把刚刚画出的矩形描边，strokeRect 同理。

接下来试试径向渐变（圆形渐变）。与 createLinearGradient 类似，创建径向渐变的方法是：

createRadialGradient(x1,y1,r1,x2,y2,r2)

其中 x1,y1、x2,y2 分别表示起点和终点，起点和终点都是一个圆，x,y 则是圆心的坐标，r1 与 r2 分别是起点圆的半径和终点圆的半径，示例代码如下：

```
01  var radial = ctx.createRadialGradient(55,55,10,55,55,20);  //重合的圆心坐标
02  radial.addColorStop(0,'#f6e98d');
03  radial.addColorStop(0.5,'#f4c736');
04  radial.addColorStop(0.9,'#e7a01d');
05  radial.addColorStop(1,'#a8672b');
06
07  ctx.fillStyle = radial;                     //把渐变赋给填充样式
08  ctx.fillRect(0,0,150,150);
09  ctx.stroke();
```

浏览器显示效果如图 12.9 所示。

图 12.9　径向渐变

一般情况下，终点圆的半径总比起点圆的大，但也可以设置成终点半径比起点半径小，例如：

```
01  var radial = ctx.createRadialGradient(75,75,55,55,55,0);
02  radial.addColorStop(0,'#f6e98d');
03  radial.addColorStop(0.5,'#f4c736');
04  radial.addColorStop(0.9,'#e7a01d');
05  radial.addColorStop(1,'#a8672b');
06
07  // ctx.fillStyle = linear;        //把渐变赋给填充样式
08  ctx.fillStyle = radial;          //把渐变赋给填充样式
09  ctx.fillRect(0,0,150,150);
10  ctx.stroke();
```

从图 12.10 可以看出，终点半径大于起点半径的径向渐变的效果是从外到内的渐变过程。

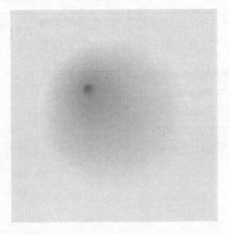

图 12.10　终点半径大于起点半径的径向渐变

12.6　在画布中绘制文本

还可以在画布上绘制我们所需的文本文字，其中所涉及到的 CanvasRendering-Context2D 对象的主要属性或方法见表 12.1。

表 12.1　绘制文本所需方法

属性或方法	基本描述
font	设置绘制文字所使用的字体，例如20px 宋体，默认值为10px sans-serif。该属性的用法与CSS的font属性一致，例如italic bold 14px/30px Arial,宋体
fillStyle	用于设置画笔填充路径内部的颜色、渐变和模式。该属性的值可以是表示CSS颜色值的字符串。如果绘制需求比较复杂，该属性的值还可以是一个CanvasGradient对象或者CanvasPattern对象
strokeStyle	用于设置画笔绘制路径的颜色、渐变和模式。该属性的值可以是一个表示CSS颜色值的字符串。如果绘制需求比较复杂，该属性的值还可以是 个CanvasGradient对象或者CanvasPattern对象
fillText(string text, int x, int y[, int maxWidth])	从指定坐标点位置开始绘制填充的文本文字。参数maxWidth是可选的，如果文本内容宽度超过该参数设置，则会自动按比例缩小字体以适应宽度。与本方法对应的样式设置属性为fillStyle
strokeText(string text, int x, int y[, int maxWidth])	从指定坐标点位置开始绘制非填充的文本文字（文字内部是空心的）。参数maxWidth是可选的，如果文本内容宽度超过该参数设置，则会自动按比例缩小字体以适应宽度。该方法与fillText()用法一致，不过strokeText()绘制的文字内部是非填充（空心）的，fillText()绘制的文字是内部填充（实心）的。与本方法对应的样式设置属性为strokeStyle

在 canvas 中可以使用两种方式来绘制文本文字，一种是使用 fillText()与 fillStyle 组合来绘制填充文字；一种是使用 strokeText()+strokeStyle 绘制非填充（空心）的文字。

填充文字示例代码：

```
01  <canvas id="rectCanvas" width='400' height="300">
02      your browser doesn't support the HTML 5 elemnt canvas.
03  </canvas>
04
05  <script type="text/javascript">
06  onload = function (){
07      drawRadian();
08  }
09  function drawRadian(){
10      var canvas = document.getElementById("rectCanvas");
11      if(canvas){
12          var ctx = canvas.getContext('2d');
13          //设置字体样式
14          ctx.font = "30px Courier New";
```

```
15          //设置字体填充颜色
16          ctx.fillStyle = "#5a2413";
17          //从坐标点(50,50)开始绘制文字
18          ctx.fillText("让世界触手可行，用足迹点亮人生", 50, 50);
19      }
20  }
21  </script>
```

浏览器显示效果如图 12.11 所示。

图 12.11　填充文字

非填充文字实现代码：

```
01  <canvas id="rectCanvas" width='400' height="300">
02      your browser doesn't support the HTML 5 elemnt canvas.
03  </canvas>
04
05  <script type="text/javascript">
06  onload = function (){
07      drawRadian();
08  }
09  function drawRadian(){
10      var canvas = document.getElementById("rectCanvas");
11      if(canvas){
12          var ctx = canvas.getContext('2d');
13          //设置字体样式
14          ctx.font = "30px Courier New";
15          //设置字体填充颜色
16          ctx.fillStyle = "#5a2413";
17          //从坐标点(50,50)开始绘制文字
18          ctx.fillText("让世界触手可行", 50, 50);
19
20          //设置字体样式
```

```
21        ctx.font = "30px Courier New";
22        //设置字体颜色
23        ctx.strokeStyle = "blue";
24        //从坐标点(50,50)开始绘制文字
25        ctx.strokeText("用足迹点亮人生", 50, 100);
26      }
27 }
28 </script>
```

非填充文字与填充文字对比效果如图 12.12 所示。

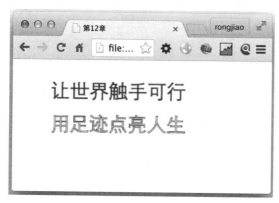

图 12.12　非填充文字与填充文字对比

12.7　将画布输出为 PNG 图片文件

将 HTML 5 Canvas 的内容保存为图片主要思想是借助 Canvas API 中的 toDataURL()方法来实现。

```
01 <div class="content">
02
03 <canvas width=200 height=200 id="rectCanvas"></canvas>
04 <div>
05      <button id="saveImageBtn" class="m-btn m-md-btn m-btn-info">保存图片</button>
06      <button id="downloadImageBtn" class="m-btn m-md-btn m-btn-info">下载图片</button>
</div>
07
08 <script type="text/javascript">
09 onload = function (){
10      draw();
11      var saveButton = document.getElementById("saveImageBtn");
12      bindButtonEvent(saveButton, "click", saveImageInfo);
13      var dlButton = document.getElementById("downloadImageBtn");
```

```
14        bindButtonEvent(dlButton, "click", saveAsLocalImage);
15   }
16   function draw() {
17        var canvas = document.getElementById("rectCanvas");
18        var ctx = canvas.getContext("2d");
19        ctx.fillStyle = "rgba(125, 46, 138, 0.5)";
20        ctx.fillRect(25, 25, 100, 100);
21        ctx.fillStyle = "rgba( 0, 146, 38, 0.5)";
22        ctx.fillRect(58, 74, 125, 100);
23        ctx.fillStyle = "rgba( 0, 0, 0, 1)";
24        ctx.fillText("将画布输出为 PNG 图片文件", 50, 50);
25   }
26
27   function bindButtonEvent(element, type, handler) {
28        if (element.addEventListener) {
29             element.addEventListener(type, handler, false);
30        } else {
31             element.attachEvent('on' + type, handler);
32        }
33   }
34
35   function saveImageInfo() {
36        var mycanvas = document.getElementById("rectCanvas");
37        var image = mycanvas.toDataURL("image/png");
38        var w = window.open('about:blank', 'image from canvas');
39        w.document.write("<img src='" + image + "' alt='from canvas'/>");
40   }
41
42   function saveAsLocalImage() {
43        var myCanvas = document.getElementById("rectCanvas");
44        var image = myCanvas.toDataURL("image/png").replace("image/png", "image/octet-stream");
45        window.location.href = image; // it will save locally
46   }
47
48   </script>
49   </div>
```

【代码解析】

代码第 9 行~25 行使用 canvas 绘制出对应的 canvas 图像。代码第 44 行中使用 toDataURL 方法将 canvas 对象输出为对应格式的图片文件。

实现效果如图 12.13 所示。

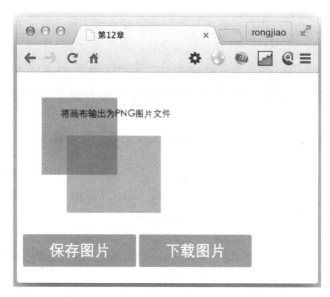

图 12.13　将画布保存为 PNG 图片文件

12.8　复杂场景使用多层画布

为了减少对单一画布的操作、提高画布性能，在较为复杂场景下，可以使用多层画布，示例代码如下：

```
<canvas  width="600" height="400" style="position: absolute; z-index: 0">
</canvas>
<canvas  width="600" height="400" style="position: absolute; z-index: 1">
</canvas>
```

产生多层画布，对不同画布进行使用。

12.9　使用 requestAnimationFrame 制作游戏或动画

目前，制作动画可以使用 CSS 3 的 animattion+keyframes，也可以使用 CSS 3 的 transition 属性，或者使用 SVG。当然还可以使用最原始的 window.setTimout()或者 window.setInterval() 方法，通过不断更新元素的状态位置等来实现动画，前提是画面的更新频率要达到每秒 60 次才能让肉眼看到流畅的动画效果。

setTimeout()几乎在所有浏览器上都运行得不错，但还有一个更好的方法，那就是 requestAnimFrame。requestAnimFrame 方法原理与 setTimeout/setInterval 差不多，通过递归 调用同一方法来不断更新画面以达到动起来的效果，但它优于 setTimeout/setInterval，在于 它是由浏览器专门为动画提供的 API，在运行时浏览器会自动优化方法的调用，并且如果页面不是激活状态的话，动画会自动暂停，可以优化绘制循环，减少与剩下的页面回流，有效节省了 CPU 开销。

可以直接调用 requestAnimationFrame 方法，也可以通过 window 来调用，接收一个函数作为回调，返回一个 ID 值，通过把这个 ID 值传给 window.cancelAnimationFrame()可以取消该次动画。

```
requestAnimationFrame(callback)//callback 为回调函数
```

在不同的浏览器上调用 requestAnimFrame 的情况也不同，标准的检测方法如下：

```
01  <script type="text/javascript" charset="utf-8">
02      window.requestAnimFrame = (function() {
03          return window.requestAnimationFrame || window.webkitRequestAnimationFrame ||
            window.mozRequestAnimationFrame || window.oRequestAnimationFrame ||
            window.msRequestAnimationFrame ||
04          function(callback) {
05              window.setTimeout(callback, 1000 / 60);
06          };
07      })();
08  </script>
```

如果 requestAnimFrame 支持不可用，还是可以用回内置的 setTimeout 的。使用 requestAnimFrame 的示例代码如下：

```
01  <!DOCTYPE HTML>
02  <html>
03      <head>
04          <title>第 12 章</title>
05      </head>
06      <body onload="onLoad()">
07          <div id="test" style="width:1px;height:17px;background:#0f0;">0%</div>
08          <input type="button" value="Run" id="run"/>
09
10          <script type="text/javascript" charset="utf-8">
    // 处理兼容性
11          window.requestAnimationFrame = window.requestAnimationFrame ||
            window.mozRequestAnimationFrame || window.webkitRequestAnimationFrame ||
            window.msRequestAnimationFrame;
12          var start = null;
13          var ele = document.getElementById("test");
14          var progress = 0;
15  // 绘制进度条
16          function step(timestamp) {
17              progress += 1;
```

```
18              ele.style.width = progress + "%";
19              ele.innerHTML=progress + "%";
20              if (progress < 100) {
21                  requestAnimationFrame(step);
22              }
23          }
24          requestAnimationFrame(step);              //使用 requestAnimationFrame 方法
25          document.getElementById("run").addEventListener("click", function() {
26              ele.style.width = "1px";
27              progress = 0;
28              requestAnimationFrame(step);
29          }, false);
30          </script>
31      </body>
32  </html>
```

实现效果如图 12.14 所示。

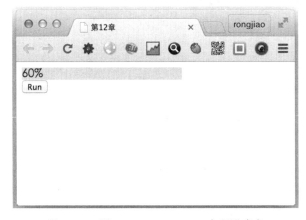

图 12.14 用 requestAnimFrame 实现进度条

目前 requestAnimFrame 的浏览器支持情况如图 12.15（参见：http://caniuse.com/#search=requestAnimationFrame）所示。

IE	Firefox	Chrome	Safari	Opera	iOS Safari *	Opera Mini *	Android Browser *	Chrome for Android
		31						
		36						
		37					4.1	
8		38					4.3	
9		39					4.4	
10	35	40	7.1		7.1		4.4.4	
11	36	41	8	27	8.1	8	37	41
TP	37	42		28				
	38	43		29				
	39	44						

图 12.15 requestAnimFrame 浏览器支持情况

12.10　如何显示满屏 canvas

你可能已经注意到，前几节中的案例中，我们的画布没有铺满整个浏览器窗口。为了解决这个问题，我们可以增加画布的宽度和高度。指根据画布所包含的文件元素的大小来灵活地调整画布尺寸。示例代码如下：

```
01  <body style="position: absolute; padding:0; margin:0; height: 100%; width:100%" onload=
    "onload()" onresize="resize()">
02      <canvas id="gameCanvas"></canvas>
03
04      <script type="text/javascript" charset="utf-8">
05      function onload() {
06          canvas = document.getElementById("gameCanvas");
07          var ctx = canvas.getContext("2d");
08          resize();
09      }
10      function resize() {
11          canvas.width = canvas.parentNode.clientWidth;
12          canvas.height = canvas.parentNode.clientHeight;
13          var ctx = canvas.getContext("2d");
14          ctx.fillStyle = '#000';
15          ctx.fillRect(0, 0, canvas.width, canvas.height);
16          ctx.fillStyle = '#333333';
17          ctx.fillRect(canvas.width / 3, canvas.height / 3, canvas.width / 3,
18          canvas.height / 3);                    //绘制矩形
19      }
20      </script>
21  </body>
```

浏览器显示效果如图 12.16 所示。

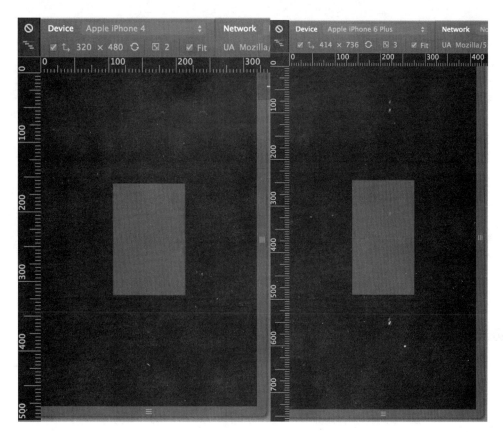

图 12.16　满屏 canvas

12.11　canvas 圆环进度条

使用 HTML 5 Canvas 制作一个圆环形的进度条，示例代码如下：

```
01  <body>
02      <canvas id="gameCanvas" class="process" width="48px" height="48px">61%</canvas>
03
04      <script type="text/javascript" charset="utf-8">
05      onload = function (){
06          drawProcess();
07      }
08      function drawProcess() {
09          // canvas 标签
10          var canvas = document.getElementById("gameCanvas");
11          var text = "60%";
12          var process = 60;
13          // 拿到绘图上下文,目前只支持"2d"
14          var context = canvas.getContext('2d');
```

```
15    // 将绘图区域清空,如果是第一次在这个画布上画图,画布上没有东西,这步就不需要了
16    context.clearRect(0, 0, 48, 48);
17
18    // 开始画一个灰色的圆
19    context.beginPath();
20    // 坐标移动到圆心
21    context.moveTo(24, 24);
22    // 画圆,圆心是 24,24,半径 24,从角度 0 开始,画到 2PI 结束,最后一个参数是顺时针还是
      逆时针方向
23    context.arc(24, 24, 24, 0, Math.PI * 2, false);
24    context.closePath();
25    // 填充颜色
26    context.fillStyle = '#ddd';
27    context.fill();
28    // 灰色的圆画完
29
30    // 画进度
31    context.beginPath();
32    // 画扇形的时候这步很重要,画笔不在圆心画出来的不是扇形
33    context.moveTo(24, 24);
34    // 跟上面的圆唯一的区别在这里,不画满圆,画个扇形
35    context.arc(24, 24, 24, 0, Math.PI * 2 * process / 100, false);
36    context.closePath();
37    context.fillStyle = '#e74c3c';
38    context.fill();
39
40    // 画内部空白
41    context.beginPath();
42    context.moveTo(24, 24);
43    context.arc(24, 24, 21, 0, Math.PI * 2, true);
44    context.closePath();
45    context.fillStyle = 'rgba(255,255,255,1)';
46    context.fill();
47
48    // 画一条线
49    context.beginPath();
50    context.arc(24, 24, 18.5, 0, Math.PI * 2, true);
51    context.closePath();
52    // 与画实心圆的区别,fill 是填充,stroke 是画线
53    context.strokeStyle = '#ddd';
54    context.stroke();
55
56    // 在中间写字
```

```
57              context.font = "bold 9pt Arial";
58              context.fillStyle = '#e74c3c';
59              context.textAlign = 'center';
60              context.textBaseline = 'middle';
61              context.moveTo(24, 24);
62              context.fillText(text, 24, 24);
63          }
64      </script>
65  </body>
```

【代码解析】

圆形进度条的步骤是：开始画一个灰色的圆、填充颜色、画进度、画内部空白、画一条线、在画布中间写上进度文案，详细见代码注释。

浏览器显示效果如图 12.17 所示。

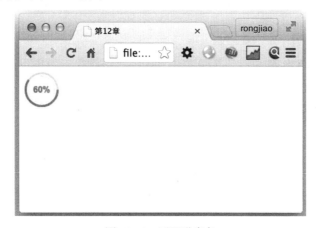

图 12.17 圆环进度条

第 13 章　HTML 5 地理定位

目前有许多应用都是基于用户的位置信息为用户提供服务的。地理位置（Geolocation）是 HTML 5 的重要特性之一，提供了确定用户位置的功能，借助这个特性能够开发基于位置信息的应用。本章介绍 HTML 5 的地理位置特性。

本章主要涉及的知识点：

- 使用 navigator 对象
- 获取当前位置
- 使用 position 对象
- 处理定位错误
- 追踪用户的位置
- 浏览器支持
- 隐私

13.1　使用 navigator 对象

图 13.1 是在网页上使用地理位置信息的案例，打开页面时，根据用户的位置定位出对应的省份、城市，再显示相应的内容。

图 13.1　使用地理位置信息

HTML 5 Geolocation（地理定位）用于定位用户的位置，鉴于该特性可能侵犯用户的隐私，除非用户同意，否则用户位置信息是不可用的。在访问位置信息前，浏览器都会询问用户是否共享其位置信息，以 Chrome 浏览器为例，如果允许 Chrome 浏览器与网站共享位置，Chrome 浏览器会向 Google 位置服务发送本地网络信息，估计当前用户所在的位置。

然后，浏览器会与请求使用位置的网站共享位置。

HTML 5 Geolocation API 使用非常简单，基本调用方式如下：

```
01  if (navigator.geolocation) {
02      navigator.geolocation.getCurrentPosition(locationSuccess, locationError,{
03          // 指示浏览器获取高精度的位置，默认为 false
04          enableHighAcuracy: true,
05          // 指定获取地理位置的超时时间，默认不限时，单位为毫秒
06          timeout: 5000,
07          // 最长有效期，在重复获取地理位置时，此参数指定多久再次获取位置
08          maximumAge: 3000
09      });
10  }else{
11      alert("Your browser does not support Geolocation!");
12  }
```

其中，代码第 2 行中使用 navigation 对象获取当前位置方法 getCurrentPosition，并为 getCurrentPosition 方法传入 3 个参数分别是成功回调、失败回调和配置参数。

locationSuccess 为获取位置信息成功的回调函数，返回的数据中包含经纬度等信息，结合 Google Map API 即可在地图中显示当前用户的位置信息，例如：

```
01  locationSuccess: function(position){
02      var coords = position.coords;
03      var latlng = new google.maps.LatLng(
04          // 纬度
05          coords.latitude,
06          // 经度
07          coords.longitude
08      );
09      var myOptions = {
10          // 地图放大倍数
11          zoom: 12,
12          // 地图中心设为指定坐标点
13          center: latlng,
14          // 地图类型
15          mapTypeId: google.maps.MapTypeId.ROADMAP
16      };
17          // 创建地图并输出到页面
18      var myMap = new google.maps.Map(
19          document.getElementById("map"),myOptions
20      );
21          // 创建标记
22      var marker = new google.maps.Marker({
```

```
23          // 标注指定的经纬度坐标点
24          position: latlng,
25          // 指定用于标注的地图
26          map: myMap
27      });
28          // 创建标注窗口
29      var infowindow = new google.maps.InfoWindow({
30          content:"您在这里<br/>纬度："+
31              coords.latitude+
32              "<br/>经度："+coords.longitude
33      });
34          // 打开标注窗口
35      infowindow.open(myMap,marker);
36  }
```

locationError 为获取位置信息失败的回调函数，可以根据错误类型提示信息，例如：

```
01  locationError: function(error){
02      switch(error.code) {
03          case error.TIMEOUT:
04          //超时异常
05              showError("A timeout occured! Please try again!");
06              break;
07          case error.POSITION_UNAVAILABLE:
08          //位置检测异常
09              showError('We can\'t detect your location. Sorry!');
10              break;
11          case error.PERMISSION_DENIED:
12          //权限异常
13              showError('Please allow geolocation access for this to work.');
14              break;
15          case error.UNKNOWN_ERROR:
16          //未知异常
17              showError('An unknown error occured!');
18              break;
19      }
20  }
```

位置服务用于估计当前用户所在位置的本地网络信息：WiFi 接入点的信息（包括信号强度）、有关本地路由器的信息、计算机的 IP 地址。位置服务的准确度和覆盖范围因位置不同而异。

说明：关于精度，总的来说，在 PC 的浏览器中 HTML 5 的地理位置功能获取的位置精度不够高，如果借助 HTML 5 这个特性做一个城市天气预报是绰绰有余，但如果是做一个地图应用，那误差还是不能忽略。不过，如果是移动设备上的 HTML 5 应用，可以通过设置 enableHighAcuracy 参数为 true，调用设备的 GPS 定位来获取高精度的地理位置信息。

13.2　获取当前位置

可以通过 navigator.geolocation 的 getCurrentPosition 方法来获取用户的信息，示例代码如下：

```
navigator.geolocation.getCurrentPosition( getPositionSuccess , getPositionError );
```

在以上代码中，调用了 getCurrentPosition 方法，并为其传递了两个参数，该方法可以接受 3 个参数，前两个参数是函数，最后一个是对象：第 1 个参数是成功获取位置信息的回调函数，是必要参数；第 2 个参数用于捕获获取位置信息异常的情况的处理回调函数，第 3 个参数是相关的配置项。

当浏览器成功获取到用户的位置信息时，getCurrentPosition 的第一个函数类型的参数将被调用，将对应的 position 对象传入到调用的函数中，这个对象中包含了浏览器返回的具体数据，这非常重要。

```
function getPositionSuccess( position ){
    var lat = position.coords.latitude;
    var lng = position.coords.longitude;
    document.write( "您所在的位置：  经度" + lat + ", 纬度" + lng );
}
```

其中，position 对象包含了用户的地理位置信息，该对象的 coords 子对象包含了用户所在的纬度和经度信息，通过 position.coords.latitude 可以访问纬度信息，position.coords.longitude 可访问经度信息，用户的位置信息越精确，这两个数字后面的小数点越长。此外，在 Firefox 中，position 对象下还附带有另一个 address 对象，这个对象包含这个经纬度下的国家名，城市名甚至街道名，示例代码如下：

```
01   function getPositionSuccess(position) {
02       var lat = position.coords.latitude;
03       var lng = position.coords.longitude;
04       alert("您所在的位置：  经度" + lat + ", 纬度" + lng);
05       if (typeof position.address !== "undefined") {
06           var country = position.address.country;
07           var province = position.address.region;
08           var city = position.address.city;
09           alert(' 您位于 ' + country + province + '省' + city + '市');
10       }
11   }
```

本章源代码提供一个完整的示例：

```
01  <body>
02  <div class="content">
03  <p id="demo">点击这个按钮，获得您的坐标：</p>
04  <button onclick="getLocation()">试一下</button>
05  </div>
06  <script type="text/javascript">
07  var x = document.getElementById("demo");
08  function getLocation() {
09      if (navigator.geolocation) {
10          navigator.geolocation.getCurrentPosition(showPosition);
11      } else {
12          x.innerHTML = "Geolocation is not supported by this browser.";
13      }
14  }
15  function showPosition(position) {
16      var a = "Latitude: " + position.coords.latitude + "<br />Longitude: " + position.coords.longitude;
17      x.innerHTML = a;
18      console.log(a)
19  }
20  </script>
21  </body>
```

本例必须在手机上进行测试，效果如图 13.2 和图 13.3 所示。

图 13.2　是否同意获取

图 13.3　获取的经纬度

13.3　浏览器支持

地理位置的浏览器支持情况（参考：http://caniuse.com/#search=Geolocation），如图 13.4。

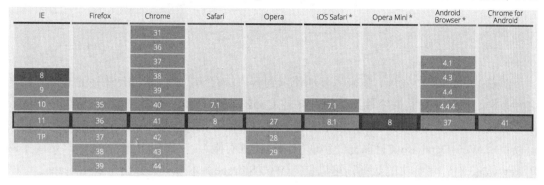

IE	Firefox	Chrome	Safari	Opera	iOS Safari *	Opera Mini *	Android Browser *	Chrome for Android
		31						
		36						
		37					4.1	
8		38					4.3	
9		39					4.4	
10	35	40	7.1		7.1		4.4.4	
11	36	41	8	27	8.1	8	37	41
TP	37	42		28				
	38	43		29				
	39	44						

图 13.4　Geolocation 浏览器支持情况

从图 13.4 中更可以看出，目前 IE 9 以上版本、Firefox、Chrome、Safari 以及 Opera 等浏览器支持地理定位。

另外，对于拥有 GPS 的设备，例如 iPhone 等移动设备，所支持的地理定位将更加精确。

第 14 章 HTML 5 本地存储

随着 Web 应用的发展，越来越多地使用到客户端存储，而实现客户端存储的方式则是多种多样。最简单而且兼容性最佳的方案是 Cookie，但是作为真正的客户端存储，Cookie 则存在很多弊端。HTML 5 中给出了更加理想的解决方案：如果你需要存储复杂的数据则可以使用 Web Database（目前已经实现的浏览器很有限）；如果你需要存储的只是简单的用 key/value 对即可解决的数据则可以使用 Web Storage。本章重点介绍 Web Storage。

本章主要涉及的知识点：

- 客户端存储数据
- 检查 HTML 5 存储支持情况
- localStorage
- sessionStorage

14.1 在客户端存储数据

无论是离线 Web 应用，还是提升用户体验，还是节省更多移动流量，很多 Web 应用都需要在本地存储数据，于是出现了很多的基于浏览器的本地存储解决方案。Cookies 的优点是几乎所有浏览器都支持，但是 Cookies 的大小限制在 4KB 左右，并且 IE 6 只支持每个域名 20 个 cookies。HTML 5 提供了两种在客户端存储数据的新方法：

- localStorage：没有时间限制的数据存储
- sessionStorage：针对一个 session 的数据存储

在此之前，客户端存储都是由 cookie 完成的，但是 cookie 不适合大量数据的存储，因为它们由每个对服务器的请求来传递，这使得 cookie 速度很慢而且效率也不高。在 HTML 5 中，数据不是由每个服务器请求传递的，而是只有在请求时使用数据。它使在不影响网站性能的情况下存储大量数据成为可能。

在 HTML 5 中，本地存储是 window 的一个属性，包括 localStorage 和 sessionStorage，localStorage 是一直存在本地的，sessionStorage 只是伴随着 session，窗口一旦关闭就没了。二者用法完全相同。

14.2　检查 HTML 5 存储支持

HTML 5 作为互联网新的浏览标准，受到很多人的推崇。但是目前浏览器开发商对于 HTML 5 的支持程度和具体方式并不一致，这给开发者们带来了挑战。由于并非所有浏览器都支持本地存储，因此需考虑和检测浏览器是否支持本地存储。如何检测你的浏览器是否支持 HTML 5 的本地存储特性呢？

```
01  function supportLocalStorage() {
02      var test = 'test';
03      try {
04          //尝试使用 setItem 方法设置本地存储
05          localStorage.setItem(test, test);
06          //如果 setItem 方法成功，则使用 removeItem 方法移除名为 test 的值
07          localStorage.removeItem(test);
08          return true;
09      } catch (e) {
10          return false;
11      }
12  }
```

代码第 1 行定义的 supportLocalStorage 函数，用于判断当前浏览器是否支持本地存储，如果浏览器支持该特性的话，那么全局对象：window 上会有一个 localStorage 的属性，反之，浏览器不支持的话，那么该属性值为 undefined。

14.3　利用 localStorage 进行本地存储

为了提升用户体验，在 Web 交互的细节上许多地方可以采用本地存储，例如图 14.1 所示的机票搜索，其中，用户输入的出发城市、到达城市、出发日期等均可以使用本地存储保存起来。

图 14.1 本地存储的示例

存储数据的方法就是直接给 window.localStorage 添加一个属性，例如：window.localStorage.a 或者 window.localStorage["a"]。它的读取、写、删除操作方法很简单，是以键值对的方式存在的，如下：

```
01   localStorage.a = 3;                    //设置 a 为"3"
02   localStorage["a"] = "adsf";            //设置 a 为" adsf "，覆盖之前所设置的值
03   localStorage.setItem("b","isaac");     //设置 b 为"isaac"
04   var a1 = localStorage["a"];            //获取 a 的值
05   var a2 = localStorage.a;               //获取 a 的值
06   var b = localStorage.getItem("b");     //获取 b 的值
07   localStorage.removeItem("c");          //清除 c 的值
```

推荐使用 getItem()和 setItem()，如需清除键值对时可使用 removeItem()，如需一次性清除所有的键值对，可以使用 clear()。另外，HTML 5 还提供了一个 key()方法，可以在不知道有哪些键值的时候使用，例如：

```
01   var storage = window.localStorage;
02
03   function showStorage() {
04       for (var i = 0; i < storage.length; i++) {
05           //key(i)获得相应的键，再用 getItem()方法获得对应的值
06           document.write(storage.key(i) + " : " + storage.getItem(storage.key(i)) + "<br>");
07       }
08   }
```

以下是利用本地存储的计数器的一个示例：

```
01   <div id="count"></div>
02
03   <script type="text/javascript">
04   function supportLocalStorage() {
05       var test = 'test';
06       try {
07           localStorage.setItem(test, test);
08           localStorage.removeItem(test);
09           return true;
10       } catch (e) {
11           return false;
12       }
13   }
14
15   function showStorage(){
16       //首先判断是否支持本地存储
17       if(supportLocalStorage()){
```

```
18          var storage = window.localStorage;
19          if (!storage.getItem("pageLoadCount")) storage.setItem("pageLoadCount", 0);
20          storage.pageLoadCount = parseInt(storage.getItem("pageLoadCount")) + 1; //必须格
    式转换
21          document.getElementById("count").innerHTML = storage.pageLoadCount;
22      }
23  }
24
25  showStorage();
26  </script>
```

代码第 4~13 行是判断当前浏览器是否支持本地存储的自定义，代码第 17 行调用该自定义方法，如果当前浏览器支持本地存储，则进行本地存储的操作。不断刷新就能看到数字在一点点上涨，如图 14.2 所示。

图 14.2　使用 localStorage

注意：HTML 5 本地存储只能存字符串，任何格式存储的时候都会被自动转为字符串，所以读取的时候，需要自己进行类型的转换。

localStorage 方法存储的数据没有时间限制。第二天、第二周或下一年之后，数据依然可用。

14.4　利用 localStorage 存储 JSON 对象

在上一节中我们看到了使用 localStorage 存储简单的字符串，本节介绍利用 localStorage 可以简单地存储一些 JSON 对象，可以方便简易地应用数据存储。我们注意到 localStorage 存储的值都是字符串类型，在处理复杂的数据时，需要借助 JSON 类，将 JSON 字符串转换成真正可用的 JSON 格式。例如：

```
01  var students = {
02      liyang: {
```

```
03              name: "liyang",
04              age: 17
05          },
06
07      lilei: {
08              name: "lilei",
09              age: 18
10          }
11
12  } //要存储的 JSON 对象
13  students = JSON.stringify(students);          //将 JSON 对象转化成字符串
14  localStorage.setItem("students", students);   //用 localStorage 保存转化好的的字符串
```

在代码第 13 行，我们看到使用 JSON.stringify()方法将 JSON 对象转换为字符串后，再进行存储，即可保存 JSON 对象。接下来我们在需要使用的时候再将存储好的 students 变量取出：

```
var students = localStorage.getItem("students");          //取回 students 变量
students = JSON.parse(students);                           //把字符串转换成 JSON 对象
```

代码第 2 行中，使用 JSON.parse()方法将取出的字符串转换为 JSON 对象，即可得到存储的 students 的 JSON 对象。

14.5　利用 localStorage 记录用户表单输入

在 HTML 5 中，可以使用 localstorage 记录用户表单输入，即使关闭浏览器，下次重新打开浏览器访问，也能读出表单中输入的值，避免用户重新输入，这可以给用户带来更加完善的体验方式。以下是使用 jQuery 在每次表单加载的时候，读取 localstorage 对应的值，而在表单每次提交时则清除表单值的示例代码：

```
01  <!DOCTYPE html>
02  <html lang="en">
03      <head>
04          <meta charset="utf-8">
05          <title>第 14 章</title>
06          <!-- include Bootstrap CSS for layout -->
07          <link href="//netdna.bootstrapcdn.com/twitter-bootstrap/2.2.1/css/bootstrap-
    combined.min.css"
08              rel="stylesheet">
09      </head>
10
11      <body>
```

```
12          <div class="container">
13              <form method="post" class="form-horizontal">
14                  <fieldset>
15                      <legend>表单</legend>
16                      <div class="control-group">
17                          <label class="control-label" for="type">必填</label>
18                          <div class="controls">
19                              <select name="type" id="type">
20                                  <option value="">请选择</option>
21                                  <option value="general">普通</option>
22                                  <option value="sales">特价</option>
23                                  <option value="support">优惠</option>
24                              </select>
25                          </div>
26                      </div>
27                      <div class="control-group">
28                          <label class="control-label" for="name">姓名</label>
29                          <div class="controls">
30                              <input class="input-xlarge" type="text" name="name" id= "name"
    value=""
32                                  maxlength="50">
33                          </div>
34                      </div>
35                      <div class="control-group">
36                          <label class="control-label" for="email">电子邮件</label>
37                          <div class="controls">
38                              <input class="input-xlarge" type="text" name="email" id="email"
    value=""
39                                  maxlength="150">
40                          </div>
41                      </div>
42                      <div class="control-group">
43                          <label class="control-label" for="message">信息</label>
44                          <div class="controls">
45                              <textarea class="input-xlarge" name="message" id="message">
46                              </textarea>
47                          </div>
48                      </div>
49                      <div class="control-group">
50                          <div class="controls">
51                              <label class="checkbox">
52                                  <input name="subscribe" id="subscribe" type="checkbox">
53                                  订阅
```

```
54                              </label>
55                          </div>
56                      </div>
57                  </fieldset>
58                  <div class="form-actions">
59                      <input type="submit" name="submit" id="submit" value="Send" class=
    "btn btn-primary">
60                  </div>
61              </form>
62          </div>
63          <script src="//code.jquery.com/jquery-latest.js"></script>
64          <script>
65              $(document).ready(function() {
66                  /*
67                   * 判断是否支持 localstorage
68                   */
69                  if (localStorage) {
70                      /*
71                       * 读出 localstorage 中的值
72                       */
73                      if (localStorage.type) {
74                          $("#type").find("option[value=" + localStorage.type + "]").attr("selected",
    true);
75                      }
76                      if (localStorage.name) {
77                          $("#name").val(localStorage.name);
78                      }
79                      if (localStorage.email) {
80                          $("#email").val(localStorage.email);
81                      }
82                      if (localStorage.message) {
83                          $("#message").val(localStorage.message);
84                      }
85                      if (localStorage.subscribe === "checked") {
86                          $("#subscribe").attr("checked", "checked");
87                      }
88                      /*
89                       * 当表单中的值改变时,localstorage 的值也改变
90                       */
91                      $("input[type=text],select,textarea").change(function() {
92                          $this = $(this);
93                          localStorage[$this.attr("name")] = $this.val();
94                      });
```

```
95                          $("input[type=checkbox]").change(function() {
96                              $this = $(this);
97                              localStorage[$this.attr("name")] = $this.attr("checked");
98                          });
99                          $("form")
100                         /*
101                          * 如果表单提交，则调用 clear 方法
102                          */
103                         .submit(function() {
104                             localStorage.clear();
105                         }).change(function() {
106                             console.log(localStorage);
107                         });
108                     }
109                 });
110             </script>
111
112      </body>
113 </html>
```

代码第 13~61 行是表单结构的定义，设置了优惠类型、姓名、电子邮件、信息等字段。
代码第 63 行引入了 jQuery，在第 69 行直接使用 localStorage 判断是否支持 localStorage，
如果支持 localStorage，则将优惠类型、姓名、电子邮件、信息等字段的值设置为本地存储
的对应的值。

14.6　利用 localStorage 进行跨文档数据传递

localStorage 还提供了一个 storage 事件，在存储的值改变后触发，例如下面代码：

```
01  if (window.addEventListener) {
02      window.addEventListener("storage", storageHandler, false);
03  } else if (window.attachEvent) {
04      window.attachEvent("onstorage", storageHandler);
05  }
06
07  function storageHandler(ev) {
08      if (!ev) {
09          ev = window.event;
10      }
11      console.log('改变的字段是' + ev.key);
12      console.log('旧的值是' + ev.oldValue);
13      console.log('新的值是' + ev.newValue);
14  }
```

以上代码监听 storage 事件，可以获取改变的字段、改变字段的旧值和新值。通过 storage 事件，可以实现跨文档数据传递。示例代码如下：

```
01   <article>
02      <section>
03         <p>
04            <strong>说明：</strong>
05               在两个以上窗口或新标签页中打开此页面并在其中一窗口中输入信息并按回车，
      消息会即时传递到其他窗口中
06         </p>
07         <div>
08            <p>
09               <label for="data">输入测试内容</label>
10               <input type="text" name="data" value="" placeholder="change me" id=
      "data"
11               />
12            </p>
13            <p id="fromEvent">等待从其他窗口发送的容……</p>
14         </div>
15      </section>
16   </article>
17   <script>
18   KISSY.use("node",function(S){
19      var dataInput = document.getElementById('data'),
20      output = document.getElementById('fromEvent');
21      S.one(window).on('storage',function(event) {
22         if (event.key == 'storage-event-test') {
23            output.innerHTML = event.newValue;
24         }
25      });
26      S.one("#data").on('keyup',function(event) {
27         try {
28            localStorage.setItem("storage-event-test", event.newValue);
29            return true;
30         } catch (e) {
31            return false;
32         }
33         if (event.key == 'storage-event-test') {
34            output.innerHTML = event.newValue;
35         }
36      });
37   })
38   </script>
```

14.7　在 localStorage 中存储图片

如何做到将当前页面中已缓存的图片保存到本地存储中？本地存储只支持字符串的存取，那么我们要做的就是将图片转换成 Data URI。其中一种实现方式就是用 canvas 元素来加载图片，将 Data URI 的形式从 canvas 中读取出当前展示的内容。

```
01  <!DOCTYPE html>
02  <html lang="zh-CN">
03  <head>
04      <meta charset="UTF-8">
05      <meta content="width=device-width, initial-scale=1.0, maximum-scale=1.0, user-scalable=
0" name="viewport" />
06      <meta content="yes" name="apple-mobile-web-app-capable" />
07      <meta content="black" name="apple-mobile-web-app-status-bar-style" />
08      <meta name="format-detection" content="telephone=no" />
09      <title>第 14 章</title>
10      <script src="http://g.alicdn.com/kissy/k/1.4.0/seed-min.js"></script>
11  </head>
12  <body>
13  <figure>
14      <img id="elephant" src="img/elephant.png" alt="A close up of an elephant" />
15      <noscript>
16          <img src="img/elephant.png">
17      </noscript>
18      <figcaption>大象</figcaption>
19  </figure>
20
21  <script>
22  //在本地存储中保存图片
23  var storageFiles = JSON.parse(localStorage.getItem("storageFiles")) || {},
24  elephant = document.getElementById("elephant"),
25  storageFilesDate = storageFiles.date,
26  date = new Date(),
27  todaysDate = (date.getMonth() + 1).toString() + date.getDate().toString();
28  console.log(storageFiles,storageFilesDate,todaysDate)
29  // 检查数据，如果不存在或者数据过期，则创建一个本地存储
30  if (typeof storageFilesDate === "undefined" || storageFilesDate < todaysDate) {
31      // 图片加载完成后执行
32      elephant.addEventListener("load",
33      function() {
34          var imgCanvas = document.createElement("canvas"),
```

```
35          imgContext = imgCanvas.getContext("2d");
36          // 确保 canvas 尺寸和图片一致
37          imgCanvas.width = elephant.width;
38          imgCanvas.height = elephant.height;
39          // 在 canvas 中绘制图片
40          imgContext.drawImage(elephant, 0, 0, elephant.width, elephant.height);
41          // 将图片保存为 Data URI
42          storageFiles.elephant = imgCanvas.toDataURL("image/png");
43          storageFiles.date = todaysDate;
44          // 将 JSON 保存到本地存储中
45          try {
46              localStorage.setItem("storageFiles", JSON.stringify(storageFiles));
47          } catch(e) {
48              console.log("Storage failed: " + e);
49          }
50      },
51      false);
52      // 设置图片
53      elephant.setAttribute("src", "img/elephant.png");
54  } else {
55      // Use image from localStorage
56      elephant.setAttribute("src", storageFiles.elephant);
57  }
58  </script>
59  </body>
60  </html>
```

代码第 13~19 行使用 figure 定义了一幅图像。代码第 22~57 行为使用本地存储图像的实现逻辑。第 30 行开始执行检查数据，如果不存在或者数据过期，则创建一个本地存储的逻辑，第 34~43 行使用 canvas 的 toDataURL 方法将图像转换为 Data URL 数据格式，第 45~49 行仍使用 setItem 方法将 JSON 保存到本地存储中。

第一次加载页面，可以看到图片请求的是线上地址，如图 14.3 所示。

第二次加载页面，可以看到图片请求的是 Data URI，如图 14.4 所示。

```
▼<figure>
    <img id="elephant" src="img/elephant.png" alt="A close up of an elephant" width="300px">
    <noscript>
        <img src="img/elephant.png" width="300px">
    </noscript>
    <figcaption>大象</figcaption>
</figure>
▶<script>...</script>
    <div id="cli_dialog"></div>
    <embed id="xunlei_com_thunder_helper_plugin_d462f475-c18e-46be-bd10-327458d045bd" type="application/
    thunder_download_plugin" height="0" width="0">
</body>
</html>
```

图 14.3　图片缓存之前

```
    ▼ <figure>
        <img id="elephant" src="data:image/png;base64,iVBOR...HD1XkN1fq1cAAAAASUVORK5CYII=" alt="A close up of an
        elephant" width="300px">
            <noscript>
                <img src="img/elephant.png" width="300px">
            </noscript>
        <figcaption>大象</figcaption>
    </figure>
    ▶ <script>...</script>
    <div id="cli_dialog"></div>
    <embed id="xunlei_com_thunder_helper_plugin_d462f475-c18e-46be-bd10-327458d045bd" type="application/
    thunder_download_plugin" height="0" width="0">
    </body>
</html>
```

图 14.4　图片缓存之后

14.8　在 localStorage 中存储文件

使用 canvas 将图片转换成 Data URI 并保存到本地存储中的方式非常好用，但是如果我们希望能找到一个可以保存任意格式文件的方式。保存任意格式的文件的过程需要用到以下几种技术：

- XMLHttpRequest Level 2
- BlobBuilder，提供接口来构建 Blob 对象，Blob 对象是 BLOB (binary large object)，二进制大对象，是一个可以存储二进制文件的容器。
- FileReader，文件读取

保存任意格式的文件基本思路是首先使用 XMLHttpRequest 请求文件，然后将响应头设置为"arraybuffer"；其次将返回数据存放到 BlobBuilder 中，获取 BLOB，也就是文件内容；最后，使用 FileReader 对象读取文件并加载到文件中，最后保存到本地存储。

```
01   // 获取文件
02   var rhinoStorage = localStorage.getItem("rhino"),
03   rhino = document.getElementById("rhino");
04   if (rhinoStorage) {
05       //如果已经存在则直接重用已保存的数据
06       rhino.setAttribute("src", rhinoStorage);
07   } else {
08       // 创建 XHR, BlobBuilder 和 FileReader 对象
09       var xhr = new XMLHttpRequest(),
10       blobBuilder = new(window.BlobBuilder || window.MozBlobBuilder || window.
     WebKitBlobBuilder || window.OBlobBuilder || window.msBlobBuilder),
11       blob,
12       fileReader = new FileReader();
13       xhr.open("GET", "rhino.png", true);
14       //将响应头类型设置为"arraybuffer"，也可以使用"blob"，这样就不需要使用 BlobBuilder 来
     构建数据，但是"blob"的支持程度有限。
15       xhr.responseType = "arraybuffer";
16       xhr.addEventListener("load",
```

```
17        function() {
18            if (xhr.status === 200) {
19                // 将响应数据放入 blobBuilder 中
20                blobBuilder.append(xhr.response);
21                // 用文件类型创建 blob 对象
22                blob = blobBuilder.getBlob("image/png");
23                // 由于 Chrome 不支持用 addEventListener 监听 FileReader 对象的事件，所以需
要用 onload
24                fileReader.onload = function(evt) {
25                    // 用 Data URI 的格式读取文件内容
26                    var result = evt.target.result;
27                    // 将图片的 src 指向 Data URI
28                    rhino.setAttribute("src", result);
29                    //保存到本地存储中
30                    try {
31                        localStorage.setItem("rhino", result);
32                    } catch(e) {
33                        console.log("Storage failed: " + e);
34                    }
35                };
36                // 以 Data URI 的形式加载 blob
37                fileReader.readAsDataURL(blob);
38            }
39        },
40        false);
41    // 发送异步请求
42    xhr.send();
43 }
```

在以上代码中，使用 arraybuffer 作为响应头类型，然后使用 BlobBuilder 来创建可以由
FileReader 读取的数据。

浏览器支持情况如下。

- localStorage：大部分主流现代浏览器支持。
- 原生的 JSON 支持：支持情况和本地存储类似。
- canvas 元素：大部分主流浏览器都支持，从 IE 9 开始。
- XMLHttpRequest Level 2：Firefox、Google Chrome、Safari 5+，并计划在 IE 10 和
  Opera 12 中实现。
- BlobBuilder：Firefox、Google Chrome，并计划在 IE 10 中实现。Safari 和 Opera 情
  况不明。
- FileReader：Firefox、Google Chrome，Opera 11.1 之后的版本，计划在 IE 10 中实现，
  Safari 情况不明。

- responseType blob：只在 Firefox 中支持，Google Chrome 即将支持，IE 10 计划支持，Safari 和 Opera 情况不明。

14.9　使用 localForage 进行离线存储

localStorage 能够实现基本的数据存储，但是对复杂数据的处理过程比较复杂。首先，localStorage 是同步的，不论数据多大，都需要等待数据从磁盘读取和解析，这会减慢应用程序的响应速度，这在移动设备上是特别糟糕的，主线程被挂起，直到数据被取出，会使你的应用程序看起来慢，甚至没有反应。此外，localStorage 仅支持字符串，需要使用 JSON.parse 与 JSON.stringify 进行序列化和反序列化。这是因为 localStorage 中仅支持 JavaScript 字符串值，不支持数值、布尔值、Blob 类型的数据。Mozilla 开发一个名为 localForage 的库，使得离线数据存储在任何浏览器存储都非常方便和易用。

localForage 是一个使用非常简单的 JavaScript 库，提供了 get、set、remove、clear 和 length 等 API，还具有以下特点。

- 支持回调异步 API。
- 支持 IndexedDB、WebSQL 和 localStorage 3 种存储模式（自动为你加载最佳的驱动程序）。
- 支持 BLOB 和任意类型的数据，可以存储图片、文件等。
- 支持 ES6 Promises。

localForage 代码示例：

```
// 保存用户信息
var users = [ {id: 1, fullName: 'Matt'}, {id: 2, fullName: 'Bob'} ];
localForage.setItem('users', users, function(result) {
    console.log(result);
});
```

localForage 支持非字符串数据，例如下载一个用户的个人资料图片，并对其进行缓存以供离线使用，使用 localForage 很容易保存二进制数据：

```
01  // 使用 AJAX 下载图片
02  var request = new XMLHttpRequest();
03  // 以获取第一个用户的资料图片为例
04  request.open('GET', "/users/1/profile_picture.jpg", true);
05  request.responseType = 'arraybuffer';
06  // 当 AJAX 调用完成，把图片保存到本地
07  request.addEventListener('readystatechange', function() {
08      if (request.readyState === 4) {          // readyState DONE
09          // 保存的是二进制数据，如果用 localStorage 就无法实现
```

```
10            localForage.setItem('user_1_photo', request.response, function() {
11                // 图片已保存，想怎么用都可以
12            });
13        }
14   });
15
16   request.send()
```

使用代码可以从缓存中把照片读取出来：

```
localForage.getItem('user_1_photo', function(photo) {
    // 获取到图片数据后，可以通过创建 data URI 或者其他方法来显示
    console.log(photo);
});
```

重要的是，localForage 提供使用 Promises 的方法：

```
localForage.getItem('user_1_photo').then(function(photo) {
    // 获取到图片数据后，可以通过创建 data URI 或者其他方法来显示
    console.log(photo);
});
```

更多 localForage 的使用方法，请参考：https://github.com/mozilla/localForage。

14.10　利用 sessionStorage 进行本地存储

sessionStorage 是针对一个 session 进行的数据存储。当用户关闭浏览器窗口后，数据会被删除。

示例代码：

```
01   <div id="count"></div>
02
03   <script type="text/javascript">
04   function supportLocalStorage() {
05       var test = 'test';
06       try {
07           localStorage.setItem(test, test);
08           localStorage.removeItem(test);
09           return true;
10       } catch (e) {
11           return false;
12       }
13   }
```

```
14
15  function showStorage(){
16      //首先判断是否支持本地存储
17      if(supportLocalStorage()){
18          if (sessionStorage.pagecount) {
19              sessionStorage.pagecount = Number(sessionStorage.pagecount) + 1;
20          } else {
21              sessionStorage.pagecount = 1;
22          }
23          document.write("当前 session 已访问 " + sessionStorage.pagecount + " 次");
24      }
25  }
26
27  showStorage();
28  </script>
```

本例效果如图 14.5 所示。

图 14.5　sessionStorage 使用

storage 还提供了 storage 事件，当键值改变或者 clear 的时候，就可以触发 storage 事件，如下面的代码就添加了一个 storage 事件改变的监听：

```
01  <script type="text/javascript">
02  onload = function (){
03      window.addEventListener("storage",function(e){
04          console.log(e);
05      },false);
06  }
07
08  function supportLocalStorage() {
09      var test = 'test';
10      try {
```

```
11          localStorage.setItem(test, test);
12          localStorage.removeItem(test);
13          return true;
14      } catch (e) {
15          return false;
16      }
17  }
18
19  function showStorage(){
20      //首先判断是否支持本地存储
21      if(supportLocalStorage()){
22          if (sessionStorage.pagecount) {
23              sessionStorage.pagecount = Number(sessionStorage.pagecount) + 1;
24          } else {
25              sessionStorage.pagecount = 1;
26          }
27          document.write("当前 session 已访问 " + sessionStorage.pagecount + " 次");
28
29          if (window.addEventListener) {
30              window.addEventListener("storage", handle_storage, false);
31          } else if (window.attachEvent) {
32              window.attachEvent("onstorage", handle_storage);
33          }
34
35      }
36  }
37
38  function handle_storage(e) {
39      console.log(e)
40      if (!e) {
41          e = window.event;
42      }
43  }
44
45  showStorage();
46  </script>
```

代码第 8~17 行仍为判断当前浏览器是否支持本地存储方法的自定义过程。第 19~36 行为存储和获取 sessionStorage 的 pagecount 数值的逻辑过程，首先判断是否支持本地存储，如果未设置 sessionStorage.pagecount 属性，则将 sessionStorage.pagecount 设置为 1，否则

sessionStorage.pagecount 将加 1。

　　storage 事件对象的具体属性见表 14.1。

表 14.1　storage事件

属性	类型	基本描述
key	string	增加、删除或者修改的键
oldValue	any	改写之前的旧值，如果是新增的元素，则是null
newValue	any	改写之后的新值，如果是删除的元素，则是null
url*	string	触发这个改变事件的页面URL

第 15 章　HTML 5 应用缓存

HTML 5 引入了 application cache 概念，其作用是可以将一个 Web 应用缓存，在没有互联网的情况下访问该应用。应用缓存主要有 3 方面优点：

一是用户可以在离线状态下使用应用；

二是提升访问速度，缓存的资源加载速度比在线资源加载快；

三是减少了服务器负载，只有当资源过期或发生变更时，浏览器才会向服务器请求下载资源。

本章主要涉及的知识点：

- 使用 cache manifest 创建页面缓存
- 离线 Web 网页或应用
- 删除本地缓存
- 更新缓存文件
- 监听缓存事件
- 失效缓存

15.1　使用 cache manifest 创建页面缓存

使用 HTML 5 我们可以通过创建一个缓存 manifest 文件来方便的生成一个离线版的应用。以下是一个 HTML 5 Cache Manifest 示例：

```
01  <!DOCTYPE HTML>
02  <html manifest="demo.appcache">
03    <head>
04      <title>第 15 章</title>
05    </head>
06    <body>
07      <section>
08        主要内容
09      </section>
10    </body>
11  </html>
```

如需启用应用程序缓存，请在文档的<html>标签中包含 manifest 属性，如第 2 行代码所示。每个指定了 manifest 的页面在用户对其访问时都会被缓存。如果未指定 manifest 属性，则页面不会被缓存（除非在 manifest 文件中直接指定了该页面）。

必须在 Web 服务器上进行配置 manifest 文件，manifest 文件的建议的文件扩展名是：".appcache"，manifest 文件需要配置正确的 MIME-type，即"text/cache-manifest"。

manifest 文件是简单的文本文件，它告知浏览器被缓存的内容（以及不缓存的内容）。manifest 文件可分为 3 个部分。

- CACHE MANIFEST：在此标题下列出的文件将在首次下载后进行缓存。
- NETWORK：在此标题下列出的文件需要与服务器连接，且不会被缓存。
- FALLBACK：在此标题下列出的文件规定当页面无法访问时的回退页面（比如 404 页面）。

其中，CACHE MANIFEST 是必需的，例如：

```
CACHE MANIFEST
/theme.css
/logo.gif
/main.js
```

以上 manifest 文件列出了 3 个资源：CSS 文件、GIF 图像和 JavaScript 文件。当 manifest 文件加载后，浏览器会从网站的根目录下载这 3 类文件，当用户与网络断开连接，这些资源依然是可用的。

NETWORK 规定文件 login.asp 永远不会被缓存，且离线时是不可用的：

```
NETWORK:
login.asp
```

可以使用星号来指示所有其他资源/文件都需要因特网连接：

```
NETWORK:
*
```

FALLBACK 规定如果无法建立因特网连接，则用 offline.html 替代/html5/目录中的所有文件：

```
FALLBACK:
/html5/ /404.html
```

一旦应用被缓存，它就会保持缓存直到发生下列情况。

- 用户清空浏览器缓存。
- manifest 文件被修改。
- 由程序来更新应用缓存。

完整的 manifest 文件如下：

```
01   CACHE MANIFEST
02   # 2012-02-21 v1.0.0
03   /theme.css
04   /logo.gif
05   /main.js
06
07   NETWORK:
08   login.asp
09
10   FALLBACK:
11   /html5/ /404.html
```

其中以"#"开头的是注释行。应用的缓存会在其 manifest 文件更改时被更新。如果编辑了一幅图片，或者修改了 JavaScript 函数，这些改变都不会被重新缓存。更新注释行中的日期和版本号也是一种使浏览器重新缓存文件的办法。

注意：浏览器对缓存数据的容量限制可能不太一样（某些浏览器设置的限制是每个站点 5MB）。

15.2　离线 Web 网页或应用

HTML 5 的离线 Web 应用允许我们在脱机时与网站进行交互。这在提高网站的访问速度和制作一款 Web 离线应用上有很大的使用价值。

如果没有特殊设置（如图 15.1 所示），浏览器会主动保存自己的缓存文件以加快网站加载速度。但是要实现浏览器缓存必须要满足一个前提，那就是网络必须要保持连接。如果网络没有连接，即使浏览器启用了对一个站点的缓存，依然无法打开这个站点。而使用离线 Web 应用，我们可以主动告诉浏览器应该从网站服务器中获取或缓存哪些文件，并且在网络离线状态下依然能够访问这个网站。

图 15.1　在 Chrome 控制台不开启 Disable cache

实现 HTML 5 应用程序缓存需要告诉浏览器需要离线缓存的文件，并对服务器和网页做一些简单的设置即可实现。

（1）首先创建一个 cache.manifest 文件，文件内容如下：

```
CACHE  MANIFEST#v1CACHE:index.html404.htmlfavicon.icorobots.txthumans.txtapple-touch-icon.
pngcss/normalize.min.csscss/main.csscss/bootmetro-icons.min.cssimg/pho-cat.jpgimg/pho-h
uangshan.jpgNETWORK:*
```

其中 CACHE:之后的部分为列出我们需要缓存的文件。

NETWORK:之后可以指定在线白名单，即列出不希望离线存储的文件，因为通常它们的内容需要互联网访问才有意义。另外，在此部分我们可以使用快捷方式：通配符*。这将告诉浏览器，应用服务器中获取没有在显示部分中提到的任何文件或 URL。

（2）接下来需要在服务器上设置内容类型：

假使使用的是 Apache 服务器，在.htaccess 文件中添加以下代码：

```
AddType text/cache-manifest .manifest
```

（3）最后需要将 HTML 页面指向清单文件。通过设置每一个页面中 HTML 元素的 manifest 属性来完成这一步：

```
<html manifest="/cache.manifest">
```

完成这一步后，就完成了 Web 离线缓存的所有步骤。由于浏览的文件内容都没有更改且存储在本地，因此现在网页的打开速度会提升。

注意： 在一个网站应用中，只能有一个 cache.manifest 文件（建议放在网站根目录下），部分浏览器（如 IE 8 及以下版本）不支持 HTML 5 离线缓存。

15.3　删除本地缓存

一旦一个应用被缓存，将保持缓存除非发生以下情况。

- 用户删除了缓存。
- manifest 文件被修改。
- 应用缓存被程序修改。

例如：

```
01  CACHE MANIFEST
02  # 2015-11-21 v1.0.0
03  /theme.css
04  /logo.gif
05  /main.js
06
07  NETWORK:
08  login.asp
09
```

```
10   FALLBACK:
11   /html5/ /offline.html
```

一旦文件被缓存，浏览器将会持续地显示缓存版本内容。为了让浏览器更新缓存，你需要修改 manifest 文件。

注意：浏览器可以有很多不同大小限制的缓存数据（有些浏览器允许 5M 的缓存数据）。

15.4　更新缓存文件

我们在使用 offline cache 的时候，有时候会需要更新资源，例如 JavaScript、CSS 或者图片文件的更新。但是，在没有更新这些文件之前，用户已经缓存了旧版本的资源，当再次访问时，使用的还是旧版本的资源，如何才能让用户及时地更新缓存资源呢？

更新缓存资源主要有两种方法，即通过修改配置文件的版本号或调用 JavaScript 完成更新。使用 JavaScript 更新方法：

```
if (window.applicationCache.status == window.applicationCache.UPDATEREADY) {
        window.applicationCache.update();
}
```

修改文件更新 manifest 文件，浏览器发现 manifest 文件本身发生变化，便会根据新的 manifest 文件去获取新的资源进行缓存。

当 manifest 文件列表并没有变化的时候，我们通常通过修改 manifest 注释的方式来改变文件，从而实现更新，manifest 注释改变就是指配置文件的版本号。

15.5　使用 HTML 5 离线应用程序缓存事件

在前几节中介绍了如何设置离线应用程序缓存清单文件。随着浏览器缓存文件、建立本地缓存，触发了一系列事件，以下应用程序缓存事件是可用的。

- checking：更新检查或第一次试图下载缓存清单，是第一个事件序列。
- noupdate：缓存清单没有改变。
- downloading：浏览器已经开始下载缓存清单或第一次检测到缓存清单发生变化。
- progress：浏览器下载并缓存了资源，每一次文件下载(包括当前页面的缓存)完成都会触发。
- cached：清单中列出的资源已经完全下载，并在本地应用程序中缓存。
- updateready：重新下载清单中列出的资源，并可以使用 swapCache()脚本来切换到新的缓存。
- obsolete：不能找到缓存清单文件，表明缓存不再需要。应用程序缓存将被删除。

- error：发生错误，这可能是由很多种原因造成的。这永远是最后一个事件序列。

我们已了解离线应用程序缓存清单文件和要缓存的次级资源，以下是利用应用程序缓存事件的示例。在以下代码中，我们使用 jQuery 的 bind() 方法为窗口的 applicationCache 对象绑定事件，并将每个事件触发会输出到屏幕上，示例代码如下：

```
01  <!DOCTYPE html>
02  <html manifest="./manifest.cfm">
03      <head>
04          <title>第 15 章</title>
05          <script type="text/javascript" src="js/jquery-1.4.3.min.js"></script>
06      </head>
07      <body>
08          <h1>监听应用缓存事件</h1>
09          <p>
10              应用状态:<span id="applicationStatus">Online</span>
11              <!-- 输出时间 -->
12              <cfset writeOutput( timeFormat( now(), "h:mm:ss TT" ) ) />
13          </p>
14          <p>
15              <a id="manualUpdate" href="#">检测更新</a>
16          </p>
17          <h2>应用缓存事件</h2>
18          <p>
19              进度:<span id="cacheProgress">N/A</span>
20          </p>
21          <ul id="applicationEvents">
22              <!-- 将进行动态设置 -->
23          </ul>
24          <!-- 当 DOM ready，执行脚本-->
25          <script type="text/javascript">
25              // 获取所需要的 DOM 元素
26              var appStatus = $("#applicationStatus");
27              var appEvents = $("#applicationEvents");
28              var manualUpdate = $("#manualUpdate");
29              var cacheProgress = $("#cacheProgress");
30              // 获取应用缓存对象
31              var appCache = window.applicationCache;
32              // 创建缓存对象属性，便于跟踪缓存进度
33              var cacheProperties = {
34                  filesDownloaded: 0,
35                  totalFiles: 0
36              };
```

```
37              // 输出事件清单
38              function logEvent(event) {
39                  appEvents.prepend("<li>" + (event + " ... " + (new Date()).toTimeString()) +
   "</li>");
40              }
41              // 获取缓存清单文件总数量
42              // 手动解析缓存清单的文件
43              function getTotalFiles() {
44                  // 首先，初始化文件总数和下载总数
45                  cacheProperties.filesDownloaded = 0;
46                  cacheProperties.totalFiles = 0;
47                  // 获取缓存清单文件
48                  $.ajax({
49                      type: "get",
50                      url: "./manifest.cfm",
51                      dataType: "text",
52                      cache: false,
53                      success: function(content) {
54                          // 输出非缓存片段
55                          content = content.replace(new RegExp("(NETWORK|FALLBACK):"
   + "((?!(NETWORK|FALLBACK|CACHE):)[\\w\\W]*)", "gi"), "");
56                          // 输出注释
57                          content = content.replace(new RegExp("#[^\\r\\n]*(\\r\\n?|\\n)", "g"), "");
58                          // 输出缓存文件头部和分隔符
59                          content = content.replace(new RegExp("CACHE MANIFEST\\s*|\\
   s*$", "g"), "");
60                          // 输出额外的空行便于打断点
61                          content = content.replace(new RegExp("[\\r\\n]+", "g"), "#");
62                          // 获取文件总数
63                          var totalFiles = content.split("#").length;
64                          // 保存文件数量
65                          // 此处我们添加了*THIS*，默认进行缓存
66                          cacheProperties.totalFiles = (totalFiles + 1);
67                      }
68                  });
69              }
70              // 展示下载过程
71              function displayProgress() {
72                  // 增加下载总数
73                  cacheProperties.filesDownloaded++;
74                  // 检查是否有文件总数
75                  if (cacheProperties.totalFiles) {
76                      // 如果有下载总数，则输出已知总数
```

```
77                          cacheProgress.text(cacheProperties.filesDownloaded + " of " +
     cacheProperties.totalFiles + " files downloaded.");
78                      } else {
79                          // 如果未知文件总数，仅输出下载数
80                          cacheProgress.text(cacheProperties.filesDownloaded + " files downloaded.");
81                      }
82                  }
83
84                  // 绑定更新事件
85                  manualUpdate.click(function(event) {
86                      // 阻止默认事件
87                      event.preventDefault();
88                      // 手动触发更新方法
89                      appCache.update();
90                  });
91                  // 绑定 online/offline 事件
92                  $(window).bind("online offline",
93                  function(event) {
94                      // 更新在线状态
95                      appStatus.text(navigator.onLine ? "Online": "Offline");
96                  });
97                  // 设置应用初始化
98                  appStatus.text(navigator.onLine ? "Online": "Offline");
99                  // 检测事件
100                 // 当浏览器检测缓存清单文件或第一次试图下载时触发
101                 $(appCache).bind("checking",
102                 function(event) {
103                     logEvent("Checking for manifest");
104                 });
105                 // 当检测到缓存清单没有更新时触发
106                 $(appCache).bind("noupdate",
107                 function(event) {
108                     logEvent("No cache updates");
109                 });
110                 // 当浏览器下载在缓存清单中设定的文件时触发
111                 $(appCache).bind("downloading",
112                 function(event) {
113                     logEvent("Downloading cache");
114                     // 获取文件清单中的文件总数
115                     getTotalFiles();
116                 });
117                 // 缓存更新时每一个文件下载时均触发
118                 $(appCache).bind("progress",
```

```
119              function(event) {
120                  logEvent("File downloaded");
121                  // 显示下载进度
122                  displayProgress();
123              });
124              // 当所有缓存文件均下载完成并为应用准备好缓存时触发
125              $(appCache).bind("cached",
126              function(event) {
127                  logEvent("All files downloaded");
128              });
129              // 当缓存文件已下载并替换了已设置的缓存时触发
130              // 旧缓存文件需要删除
131              $(appCache).bind("updateready",
132              function(event) {
133                  logEvent("New cache available");
134                  // 删除旧缓存
135                  appCache.swapCache();
136              });
137              // 当找不到缓存清单时触发
138              $(appCache).bind("obsolete",
139              function(event) {
140                  logEvent("Manifest cannot be found");
141              });
142              // 当出错时触发
143              $(appCache).bind("error",
144              function(event) {
145                  logEvent("An error occurred");
146              });
147          </script>
148      </body>
149
150 </html>
```

【代码解析】

代码第 31 行获取应用缓存对象，第 48 行使用 ajax 获取缓存清单文件，并在其回调函数中保存文件数量。代码第 101~143 行分别为窗口的 applicationCache 对象绑定 checking、noupdate、downloading、progress、cached、updateready、obsolete、obsolete 事件。

15.6　如何失效缓存

设置缓存之后，如果没有更新或触发更新，缓存将一直有效。这对于不需要更新的站点来说，是非常棒的。但是，对于需要更新或需要修复线上问题时，是非常糟糕的。那么，如何失效缓存呢？

有一种解决方法是：当缓存出错时，如当找不到相关文件时，浏览器将停止处理缓存。示例代码如下：

```
01  // 状态值
02  var cacheStatusValues = [];
03  cacheStatusValues[0] = 'uncached';
04  cacheStatusValues[1] = 'idle';
05  cacheStatusValues[2] = 'checking';
06  cacheStatusValues[3] = 'downloading';
07  cacheStatusValues[4] = 'updateready';
08  cacheStatusValues[5] = 'obsolete';
09
10  // 监听所以的错误事件
11  var cache = window.applicationCache;
12  cache.addEventListener('cached', logEvent, false);
13  cache.addEventListener('checking', logEvent, false);
14  cache.addEventListener('downloading', logEvent, false);
15  cache.addEventListener('error', logEvent, false);
16  cache.addEventListener('noupdate', logEvent, false);
17  cache.addEventListener('obsolete', logEvent, false);
18  cache.addEventListener('progress', logEvent, false);
19  cache.addEventListener('updateready', logEvent, false);
20
21  // 在控制台输出错误信息
22  function logEvent(e) {
23      var online, status, type, message;
24      online = (isOnline()) ? 'yes': 'no';
25      status = cacheStatusValues[cache.status];
26      type = e.type;
27      message = 'online: ' + online;
28      message += ', event: ' + type;
29      message += ', status: ' + status;
30      if (type == 'error' && navigator.onLine) {
31          message += ' There was an unknown error, check your Cache Manifest.';
32      }
33      log('
34  ' + message);
35  }
36
37  function log(s) {
38      alert(s);
```

```
39    }
40
41    function isOnline() {
42        return navigator.onLine;
43    }
44
45    if (!$('html').attr('manifest')) {
46        log('没有缓存清单文件.')
47    }
48
49    // 当准备好更新时交换下载文件
50    cache.addEventListener('updateready',
51    function(e) {
52        // 第一次下载时不触发交换
53        if (cacheStatusValues[cache.status] != 'idle') {
54            cache.swapCache();
55            log('更新缓存清单.');
56        }
57    },
58    false);
59
60    // 以下两个方法用于检测缓存清单文件是否更新
61    function checkForUpdates() {
62        cache.update();
63    }
64    function autoCheckForUpdates() {
65        setInterval(function() {
66            cache.update()
67        },
68        10000);
69    }
70
71    return {
72        isOnline: isOnline,
73        checkForUpdates: checkForUpdates,
74        autoCheckForUpdates: autoCheckForUpdates
75    }
```

这肯定是有帮助的，但绝对应该从 Mozilla 中请求一个特性，打印出出错的缓存清单到控制台。它不需要自定义代码来监听事件来判断出错，甚至不需要重命名文件。

第 16 章　移动开发　　↦

由于手机携带方便，已成为了人们生活随身用品，覆盖广、操作便捷，使得人们对手机越来越依赖，也催生了众多的精彩应用，移动开发在互联网开发中的比重越来越大了。移动开发也称为手机开发，或叫做移动互联网开发，是指以手机、PDA、UMPC 等便携终端为基础，进行相应的开发工作，由于这些随身设备基本都采用无线上网的方式，也可称为无线开发。

本章主要涉及的知识点：

- iPhone 上直接电话呼叫或短信
- Set iPhone Bookmark Icon
- HTML 5 表单
- HTML 5 相册及 jQuery Mobile

16.1　手机上直接电话呼叫或短信

在很多的手机网站上，有打电话和发短信的功能，对于这些功能是如何实现的呢？如下是一段示例代码：

```
01  <!DOCTYPE html>
02  <html>
03
04    <head>
05        <meta charset="UTF-8">
06        <meta content="width=device-width, initial-scale=1.0, maximum-scale=1.0,
    user-scalable=0"
07        name="viewport" />
08        <meta content="yes" name="apple-mobile-web-app-capable" />
09        <meta content="black" name="apple-mobile-web-app-status-bar-style" />
10        <meta name="format-detection" content="telephone=no" />
11        <title>
12            第 16 章
```

```
13              </title>
14              <link rel="stylesheet" href="http://code.jquery.com/mobile/1.3.2/jquery.mobile-1.3.2.
    min.css">
15              <script src="http://code.jquery.com/jquery-1.8.3.min.js">
16              </script>
17              <script src="http://code.jquery.com/mobile/1.3.2/jquery.mobile-1.3.2.min.js">
18              </script>
19          </head>
20
21      <body>
22          <div data-role="page">
23              <div data-role="header" data-position="fixed">
24                  <h1>
25                      第 16 章
26                  </h1>
27              </div>
28              <div data-role="content">
29                  <p>
30                      <a href="sms:10086" data-role="button" data-theme="a">
31                          测试发短信
32                      </a>
33                  </p>
34                  <p>
35                      <a href="tel:10086" data-role="button" data-theme="a">
36                          测试打电话
37                      </a>
38                  </p>
39              </div>
40          </div>
41      </body>
42
43  </html>
```

【代码解析】

HTML 5 启动打电话和发短信等功能，提高开发效率的同时，还带来了更炫的功能。代码第 30 行，使用了<a>标签，将其 href 属性设置为 sms:10086，启用发短信功能；代码第 35 行，使用了<a>标签，将其 href 属性设置为 tel:10086，启用打电话功能。效果如图 16.1 和图 16.2 所示。

图 16.1　HTML 启用打电话、发短信功能

图 16.2　测试发短信功能

16.2　设置 iPhone 书签栏图标

Safari 浏览器有一个书签栏可以将当前正在浏览的网页添加到主屏幕，用户添加该选项之后，就可以从桌面上启动，从桌面上看起来有点像 Web 应用，简单快捷，类似于快捷方式。添加到桌面上的图标是可以进行设置的。

首先，需创建一个 PNG 格式的图片，将其命名为 apple-touch-icon.png 或是 apple-touch-icon-precomposed.png 放置在网站根目录即可。然后为页面指定一个图标路径，在网页的 head 部分代码如下：

```
<link rel="apple-touch-icon" href="/custom_icon.png"/>
```

在网页中为不同的设备指定特殊图标，因为 iPhone 和 iPad 的图标尺寸不一样，需要 sizes 属性来进行区分，如果没有定义尺寸属性，默认尺寸是 57 x 57，代码如下：

```
<link rel="apple-touch-icon" href="touch-icon-iphone.png" />
<link rel="apple-touch-icon" sizes="72x72" href="touch-icon-ipad.png" />
<link rel="apple-touch-icon" sizes="114x114" href="touch-icon-iphone4.png" />
```

如果没有图片尺寸可以匹配设备图标的尺寸，存在比设备图标大的图片，将使用比设备图标尺寸略大的图片；如果没有比设备图标大的图片，则使用最大的图片。

如果没有在网页中指定图标路径，将会在根目录搜寻以 apple-touch-icon...和 apple-touch-icon-precomposed...作为前缀的 PNG 格式图片。假设现在有一个设备的图标大小是 57 x 57，系统将按以下顺序搜寻图标：

```
pple-touch-icon-57x57-precomposed.png
apple-touch-icon-57x57.png
apple-touch-icon-precomposed.png
apple-touch-icon.png
```

完整的示例代码如下：

```
01  <!DOCTYPE html>
02  <html>
03
04    <head>
05       <title>第 16 章</title>
06       <meta charset="UTF-8">
07       <meta content="width=device-width, initial-scale=1.0, maximum-scale=1.0,
    user-scalable=0"
08       name="viewport" />
09       <meta content="yes" name="apple-mobile-web-app-capable" />
10       <meta content="black" name="apple-mobile-web-app-status-bar-style" />
11       <meta name="format-detection" content="telephone=no" />
12       <meta name="apple-mobile-web-app-title" content="设置书签图标">
13       <link rel="apple-touch-icon" href="img/apple-icon-57x57.png"/>
14       <link rel="apple-touch-icon-precomposed" href="img/apple-icon-57x57.png" />
15    </head>
16
17    <body>
18       <div data-role="page">
19          第 16 章
20       </div>
21    </body>
22
23  </html>
```

【代码解析】

代码第 13 行与第 14 行均未定义图片尺寸属性，将采用默认大小 57x57。代码第 14 行，使用 apple-touch-icon-precomposed，因此系统将先搜寻该前缀图片。

浏览器效果如图 16.3 所示。

图 16.3　设置书签栏图标

此外，附注不同尺寸屏幕图标的设置如下：

```
<!-- iOS 图标 -->
<!-- rel="apple-touch-icon-precomposed"启用图标高亮 -->
<!-- 非视网膜 iPhone 低于 iOS 7 -->
<link rel="apple-touch-icon" href="icon57.png" sizes="57x57">
<!-- 非视网膜 iPad 低于 iOS 7 -->
<link rel="apple-touch-icon" href="icon72.png" sizes="72x72">
<!-- 非视网膜 iPad iOS 7 -->
<link rel="apple-touch-icon" href="icon76.png" sizes="76x76">
<!-- 视网膜 iPhone 低于 iOS 7 -->
<link rel="apple-touch-icon" href="icon114.png" sizes="114x114">
<!-- 视网膜 iPhone iOS 7 -->
<link rel="apple-touch-icon" href="icon120.png" sizes="120x120">
<!-- 视网膜 iPad 低于 iOS 7 -->
<link rel="apple-touch-icon" href="icon144.png" sizes="144x144">
```

```
<!-- 视网膜 iPad iOS 7 -->
<link rel="apple-touch-icon" href="icon152.png" sizes="152x152">
<!-- Android 启动图标 -->
<link rel="shortcut icon" sizes="128x128" href="icon.png">
<!-- iOS 启动画面 -->
<!-- iPad 竖屏 768 x 1004（标准分辨率） -->
<link rel="apple-touch-startup-image" sizes="768x1004" href="/splash-screen-768x1004.png" />
<!-- iPad 竖屏 1536x2008（Retina） -->
<link rel="apple-touch-startup-image" sizes="1536x2008" href="/splash-screen-1536x2008.png" />
<!-- iPad 横屏 1024x748（标准分辨率） -->
<link rel="apple-touch-startup-image" sizes="1024x748" href="/Default-Portrait-1024x748.png" />
<!-- iPad 横屏 2048x1496（Retina） -->
<link rel="apple-touch-startup-image" sizes="2048x1496" href="/splash-screen-2048x1496.png" />
<!-- iPhone/iPod Touch 竖屏 320x480 (标准分辨率) -->
<link rel="apple-touch-startup-image" href="/splash-screen-320x480.png" />
<!-- iPhone/iPod Touch 竖屏 640x960 (Retina) -->
<link rel="apple-touch-startup-image" sizes="640x960" href="/splash-screen-640x960.png" />
<!-- iPhone 5/iPod Touch 5 竖屏 640x1136 (Retina) -->
<link rel="apple-touch-startup-image" sizes="640x1136" href="/splash-screen-640x1136.png" />
<!-- Windows 8 磁贴颜色 -->
<meta name="msapplication-TileColor" content="#000"/>
<!-- Windows 8 磁贴图标 -->
<meta name="msapplication-TileImage" content="icon.png"/>
```

16.3　HTML 5 表单

通过使用 HTML 5，可以用极简的风格、使用最优雅的代码实现许多传统复杂方法才能达到的效果。以下是 HTML 5 表单的示例代码：

```
01   <!DOCTYPE html>
02   <html>
03
04       <head>
05           <title>第 16 章</title>
06           <meta charset="UTF-8">
07           <meta content="width=device-width, initial-scale=1.0, maximum-scale=1.0, user-
     scalable=0"
08           name="viewport" />
09           <meta content="yes" name="apple-mobile-web-app-capable" />
10           <meta content="black" name="apple-mobile-web-app-status-bar-style" />
11           <meta name="format-detection" content="telephone=no" />
12           <meta name="apple-mobile-web-app-title" content="img/apple-icon-57x57.png">
```

```
13        <link rel="apple-touch-icon" href="img/apple-icon-57x57.png"/>
14        <link rel="apple-touch-icon-precomposed" href="img/apple-icon-57x57.png" />
15        <script src="js/jquery-1.4.3.min.js"></script>
16    </head>
17
18    <body>
19        <form action="upload.html" method="get">
20            <div>
21                <label for="1">
22                    Hole 1
23                </label>
24                <input type="number" min="1" value="4" name="1" size="2" step="1" />
25            </div>
26            <div>
27                <label for="2">
28                    Hole 2
29                </label>
30                <input type="number" min="1" value="4" name="2" size="2" step="1" />
31            </div>
32            <div>
33                <input type="email" placeholder="请输入邮件地址" size="40" />
34            </div>
35            <div>
36                <input type="submit" value="Upload Score" />
37            </div>
38        </form>
39
40    </body>
41
42 </html>
```

【代码解析】

乍一看和普通的表单类似，但仔细看就会发现细节的差别。

代码第 24 行中，使用了 type="number"类型。目前有许多种类型的表单，浏览器通过类型规范用户输入正确格式的数据，表 16.1 列举了表单类型，包括 email、search、date 等类型。对于不同的类型，iPhone 键盘会展示不同的布局效果。

代码第 24 行，使用了 min="1"属性，该属性与 type="number"一起使用，用于定义最小长度。也有 max 属性，但不是用于此用途。

代码第 24 行，还使用了 step="1"，该属性也是 number 类型的特定属性。该属性定义数字只能升或降。

代码第 33 行，使用 placeholder="请输入邮件地址"，placeholder 属性用于默认提示，传统方法是使用 JavaScript 监听输入框的 focus 和 blur 的事件来实现；现在使用 placeholder

属性不需要额外的 JavaScript 脚本就可以实现。

表 16.1　表单type的属性

值	属性作用
button	定义可点击的按钮（大多与JavaScript一起使用来启动脚本）
checkbox	定义复选框
color	定义拾色器
date	定义日期字段（带有calendar控件）
datetime	定义日期字段（带有calendar和time控件）
datetime-local	定义日期字段（带有calendar和time控件）
month	定义日期字段的月（带有calendar控件）
week	定义日期字段的周（带有calendar控件）
time	定义日期字段的时、分、秒（带有time控件）
email	定义用于e-mail地址的文本字段
file	定义输入字段和"浏览..."按钮，供文件上传
hidden	定义隐藏输入字段
image	定义图像作为提交按钮
number	定义带有spinner控件的数字字段
password	定义密码字段。字段中的字符会被遮蔽
radio	定义单选按钮
range	定义带有slider控件的数字字段
reset	定义重置按钮。重置按钮会将所有表单字段重置为初始值
search	定义用于搜索的文本字段
submit	定义提交按钮。提交按钮向服务器发送数据
tel	定义用于电话号码的文本字段
text	默认。定义单行输入字段，用户可在其中输入文本。默认是 20 个字符
url	定义用于URL的文本字段

16.4　HTML 5 相册

图片特效在 HTML 5 应用中十分广泛，本节中我们介绍使用 jQuery Mobile 来实现 HTML 5 相册效果。jQuery Mobile 是 jQuery 针对手机和平板设备开发的版本，是移动 Web 跨浏览器的框架。jQuery Mobile 不仅会为主流移动平台带来 jQuery 核心库，而且会发布一个完整统一的 jQuery 移动 UI 框架，支持主流的移动平台。

示例代码如下：

```
01  <!DOCTYPE html>
02  <html>
03      <head>
```

```
04          <title>第 16 章</title>
05          <meta charset="UTF-8">
06          <meta content="width=device-width, initial-scale=1.0, maximum-scale=1.0, user-
    scalable=0"
07          name="viewport" />
08          <meta content="yes" name="apple-mobile-web-app-capable" />
09          <meta content="black" name="apple-mobile-web-app-status-bar-style" />
10          <meta name="format-detection" content="telephone=no" />
11          <link rel="stylesheet" href="css/style.css" type="text/css" media="screen"/>
12      </head>
13      <body>
14        <h1>jQuery Mobile 相册</h1>
15        <div class="description">点击图片在大图和小图之间切换</div>
16        <div id="im_wrapper" class="im_wrapper">
17              <div style="background-position:0px 0px;"><img src="images/thumbs/1.jpg" alt=""
    /></div>
18              <div style="background-position:-125px 0px;"><img src="images/thumbs/2.jpg"
    alt="" /></div>
19              <div style="background-position:-250px 0px;"><img src="images/thumbs/3.jpg"
    alt="" /></div>
20              <div style="background-position:-375px 0px;"><img src="images/thumbs/4.jpg"
    alt="" /></div>
21              <div style="background-position:-500px 0px;"><img src="images/thumbs/5.jpg"
    alt="" /></div>
22              <div style="background-position:-625px 0px;"><img src="images/thumbs/6.jpg"
    alt="" /></div>
23  <!—此处省略部分结构代码，详情见本书附源代码{{ -->
24  ……
25  <!—此处省略部分结构代码，详情见本书附源代码}} -->
26      </div>
27      <div id="im_loading" class="im_loading"></div>
28      <div id="im_next" class="im_next"></div>
29      <div id="im_prev" class="im_prev"></div>
30      //引入 jQuery 脚本
31      <script type="text/javascript" src="js/jquery-1.4.3.min.js"></script>
32      <script src="js/jquery.transform-0.9.1.min.js"></script>
33      <script type="text/javascript">
34          (function($,sr){
35              //相册的实现脚本
36          })(jQuery,'smartresize');
37  <!—此处省略部分脚本代码，详情见本书附源代码{{ -->
38  ……
39  <!—此处省略部分脚本代码，详情见本书附源代码}} -->
```

```
40
41            </script>
42        </body>
43    </html>
```

【代码解析】

在以上代码中，第 16~29 行定义了相册所需的结构代码，包括图片列表和上一张、下一张的控制按钮的结构代码。第 31 行引入了 jQuery 库，第 32 行引入了 jQuery 的 transform 扩展方法，用于图片的渐变效果。该相册的效果是照片墙，点击小图放大显示，点击大图的某处可切换回小图的照片墙，效果非常绚丽，如图 16.4 所示。

图 16.4　jQuery Mobile 相册

关于 jQuery Mobile 的更多使用，可访问 http://jquerymobile.com/查看官方文档。

第 17 章　其他常用代码

本章主要涉及的知识点:

- 让 IE 支持 HTML 5 的方法
- 网页自动关闭
- 地址栏换成自己的图标
- 网页不能另存
- 禁止查看网页源代码
- 屏蔽网页的功能键
- 网页不出现滚动条
- 设定打开网页的大小
- 变换当前网页的光标

17.1　让 IE 支持 HTML 5 标签

HTML 5 标签的使用越来越广泛,但是在 IE 9 以下版本浏览器下 HTML 5 标签没有得到很好的支持,考虑到目前仍然有许多用户在使用 IE 6、IE 7、IE 8 浏览器,为了让所有浏览者都可以正常地访问,本节我们讨论一下解决方法。

第一种方法是可以为网站创建多套模板,通过对 User-Agent 的判断为不同的浏览器用户显示不同的页面,但是这种方法的缺点是复用性较低,加大了开发成本。另一种方法是使用 JavaScript 来使不支持 HTML 5 的浏览器支持 HTML 标签。

让 IE(包括 IE 6)支持 HTML 5 元素,我们需要在 HTML 头部添加以下 JavaScript,这是一个简单的 document.createElement 声明,利用条件注释针对 IE 在对象中创建对应的节点。

```
01  <!--[if IE]>
02  <script>
03  document.createElement("header"); //创建 header 节点
04  document.createElement("footer");
05  document.createElement("nav");
06  document.createElement("article");
```

```
07   document.createElement("section");
08   </script>
09   <![endif]-->
```

完整的示例代码如下：

```
01   <!DOCTYPE html>
02   <html>
03       <head>
04           <title>第 17 章</title>
05           <meta charset="UTF-8">
06           <meta content="width=device-width, initial-scale=1.0, maximum-scale=1.0,
     user-scalable=0"
07           name="viewport" />
08           <meta content="yes" name="apple-mobile-web-app-capable" />
09           <meta content="black" name="apple-mobile-web-app-status-bar-style" />
10           <meta name="format-detection" content="telephone=no" />
11           <style> /*样式*/
12           *{margin:0;padding:0;}
13           body {background-color:white; color: black; text-align:center;}
14           header, footer, nav, section, article {display:block;}
15           header {width:100%; background-color:yellow;}
16           nav {width:30%; background-color:orange;float:left;}
17           section {width:65%; background-color:SpringGreen ; float:right;}
18           article {width:70%; margin:2em 10%; background-color:turquoise;}
19           footer {width:100%; background-color:pink; clear:both;}
20           </style><!---使用条件注释，仅在 IE 上处理这段兼容代码-->
21           <!--[if IE]>
22           <script>
23           (function(){if(!/*@cc_on!@*/0)return;var e = "abbr,article,aside,audio,bb,canvas,
     datagrid,datalist,details,dialog,eventsource,figure,footer,header,hgroup,mark,menu,meter,nav
     ,output,progress,section,time,video".split(','),i=e.length;while(i--){document.createElement(e[i]
     )}})()
24           </script>
25           <![endif]-->
26       </head>
27
28       <body>
29           <header><h1>让 IE 支持 HTML 5 元素</h1></header>
30           <nav><p>Menu</p></nav>
31           <section>
32               <p>Section</p>
33               <article><p>article 1</p></article>
34               <article><p>article 2</p></article>
```

```
35          </section>
36          <footer><p>The footer</p></footer>
37      </body>
38   </html>
```

代码第 21~25 行使用条件注释，为 IE 浏览器添加使浏览器支持 HTML 5 元素的方法，所添加支持的元素有：abbr、article、aside、audio、bb、canvas、datagrid、datalist、details、dialog、eventsource、figure、footer、header、hgroup、mark,menu、meter、nav、output、progress、section、time、video。代码第 23 行使用!/*@cc_on!@*/0,也是使用条件注释,其中/*@cc_on .....@*/之间的部分可以被 IE 识别并作为程序执行,同时启用 IE 的条件编译。

添加以上代码后，在 IE 8 中显示的效果如图 17.1 所示。

图 17.1 让 IE 支持 HTML 5 标签

sitepoint 例子中创建节点的 JavaScript 代码似乎过于臃肿，smashingmagazine 提供的代码似乎更简洁：

```
01   <!--[if IE]>
02   <script>
03   (function(){if(!/*@cc_on!@*/0)return;var e = "abbr,article,aside,audio,bb,canvas,datagrid,datalist,
        details,dialog,eventsource,figure,footer,header,hgroup,mark,menu,meter,nav,output,progress
        ,section,time,video".split(','),i=e.length;while(i--){document.createElement(e[i])}})()
04   </script>
05   <![endif]-->
```

针对 IE 比较好的解决方案是 html5shiv。htnl5shiv 主要解决 HTML 5 提出的新的元素不被 IE 6~8 识别，这些新元素不能作为父节点包裹子元素，并且不能应用 CSS 样式。让

CSS 样式应用在未知元素上只需执行 document.createElement(elementName) 即可实现。html5shiv 就是根据这个原理创建的。

html5shiv 的使用非常的简单，考虑到 IE 9 是支持 HTML 5 的，所以只需在页面 head 中添加如下代码即可：

```
<!--[if lt IE 9]--><script src=" http://html5shiv.googlecode.com/svn/trunk/html5.js "></script >
    <!--[endif]-- >
```

17.2　网页自动关闭

设置网页自动关闭的方法是在一定的时间调用全局 window.close()方法，关闭当前窗口，示例代码如下：

```
01  <!DOCTYPE html>
02  <html>
03    <head>
04        <title>第 17 章</title>
05        <meta charset="UTF-8">
06        <meta content="width=device-width, initial-scale=1.0, maximum-scale=1.0, user-scalable=0"
07        name="viewport" />
08        <meta content="yes" name="apple-mobile-web-app-capable" />
09        <meta content="black" name="apple-mobile-web-app-status-bar-style" />
10        <meta name="format-detection" content="telephone=no" />
11    </head>
12
13    <body onload='setTimeout("mm()",10)'>
14    <script>
15        function mm(){
16            window.opener=null;
17            window.close();
18        }
19    </script>
20    </body>
```

其中，第 13 行代码里的参数 10 可随需要修改，值越大时间越长，如果设置为 0 则表示直接打开时就关闭当前窗口。

17.3 地址栏换成自己的图标

将地址栏换成自定义图标的方法比较简单，首先需制作对应的 ico 格式的图标，然后添加至页面中：

```
01  <link rel="icon" href="favicon.ico" mce_href="favicon.ico" type="image/x-icon">
02  <link rel="shortcut icon" href="favicon.ico" mce_href="favicon.ico" type="image/x-icon">
```

本例效果如图 17.2 所示。

图 17.2　地址栏换成自己的图标

17.4 网页不能另存

在 HTML 网页中加入几行简单的代码就可以禁止他人使用鼠标右键和"另存为"命令。首先，将如下代码添加至页面，就可以屏蔽鼠标右键：

```
<body oncontextmenu=self.event.returnValue=false onselectstart="return false">
```

现在点击鼠标右键就不会有任何反应了。

另一种禁用右键的方法如下：

```
01  <body oncontextmenu="return false"></body>
02  <!-- 禁用右键: -->
03  <script>
04  function stop(){
05      return false;//返回 false，表示禁用
06  }
07  document.oncontextmenu=stop;//监听 oncontextmenu 方法
08  </script>
```

禁止"另存为"命令需要在目标网页末尾"</body></html>"的标签前面加上如下代码，

可以使"另存为"命令不能顺利执行：

```
<noscript>
<iframe scr="*.htm"></iframe>
</noscript>
```

加入上述代码后，当执行"另存为"命令时，会弹出"保存网页时出错"的对话框。
或者：

```
<body onselectstart="return false">
```

同理，取消选取、防止复制方法如下：

```
oncopy="return false;" oncut="return false;"
```

常用的方法还有：

```
01  //禁用右键菜单
02  oncontextmenu='return false'
03  //禁用拖拽
04  ondragstart='return false'
05  //禁用选取
06  onselectstart ='return false'
07  //禁用选取
08  onselect='document.selection.empty()'
09  //禁用复制
10  oncopy='document.selection.empty()'
11  //禁用复制
12  onbeforecopy='return false'
13  //禁用鼠标
14  onmouseup='document.selection.empty()'
```

17.5 禁止查看网页源代码

与禁止右键的方法类似，禁止查看网页源代码的方法如下：

```
01  <script language="javascript">
02  if (window.Event) document.captureEvents(Event.MOUSEUP);
03
04  function nocontextmenu() {
05      event.cancelBubble = true
06      event.returnValue = false;
07      return false;
```

```
08  }
09
10  function norightclick(e) {
11      if (window.Event) {
12          if (e.which == 2 || e.which == 3) return false;
13      } else if (event.button == 2 || event.button == 3) {
14          event.cancelBubble = true
15          event.returnValue = false;
16          return false;
17      }
18  }
19  document.oncontextmenu = nocontextmenu; // for IE5+
20  document.onmousedown = norightclick; // for all others
21  </script>
```

代码第 3~8 行定义了禁止使用菜单的方法，代码第 10~18 行定义了禁止使用鼠标右键的方法，从而达到禁止查看源代码的目的。

17.6　网页不出现滚动条

让网页不出现滚动条的方法一：

```
<body scroll="no"> </body>
```

让网页不出现滚动条的方法二：

```
<style type="text/css">
    html{
        overflow:hidden;
    }
</sytle>
```

17.7　设定打开网页的大小

使用 window.open()方法打开新窗口时，可以设定打开的网页大小，例如：

```
01  <body>
02      <h2>第 17 章</h2>
03      <h3>设定网页大小</h3>
04      <script language="javascript">
```

```
05        window.open('page.html', 'newwindow', 'height=300, width=400, top=0,
     left=0, toolbar=no, menubar=no, scrollbars=no, resizable=no, location=no,
     statu    s=no');
06        </script>
07    </body>
```

以上代码第 5 行中，使用 window.open()方法打开新窗口，其中，page.html 是弹出窗口的文件名；newwindow 弹出窗口的名字（不是文件名），非必须，可用空替代；height=300 是打开的窗口高度；width=400 是打开的窗口宽度；top=0 是窗口距离屏幕上方的像素值；left=0 窗口距离屏幕左侧的像素值；toolbar=no 是否显示工具栏，yes 为显示； menubar、scrollbars 表示菜单栏和滚动栏；resizable=no 是否允许改变窗口大小，yes 为允许；location=no 是否显示地址栏，yes 为显示；status=no 是否显示状态栏内的信息（通常是文件已经打开），yes 为显示。示例效果如图 17.4 所示。

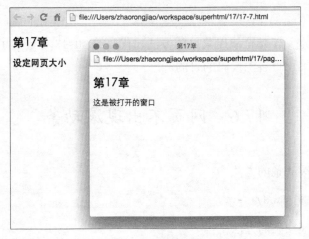

图 17.4 设定网页大小

17.8 变换当前网页的光标

有些时候我们并不仅仅需要文字，图片加链接，而且还想要加链接时的鼠标样式。改变鼠标指针形状的常用方法是用 CSS 样式表来改变鼠标指针形状。表 17.1 为鼠标指针 CSS 样式表的一些属性。

表 17.1 鼠标指针样式表

属性名	值
默认	default
文字/编辑	text
自动	auto
手形	pointer, hand(hand是IE专有)

续表

属性名	值
可移动对象	move
不允许	not-allowed
无法释放	no-drop
等待/沙漏	wait
帮助	help
十字准星	crosshair
向上改变大小(North)	n-resize
向下改变大小(South)	s_resize　与n-resize效果相同
向左改变大小(West)	w-resize
向右改变大小(East)	e-resize　与w-resize效果相同
向左上改变大小（NorthWest）	nw-resize
向左下改变大小（SouthWest）	sw-resize

示例代码：

```
01  <!DOCTYPE html>
02  <html>
03      <head>
04          <title>第 17 章</title>
05          <meta charset="UTF-8">
06          <meta  content="width=device-width,  initial-scale=1.0,  maximum-scale=1.0, user-scalable=0"
07          name="viewport" />
08          <meta content="yes" name="apple-mobile-web-app-capable" />
09          <meta content="black" name="apple-mobile-web-app-status-bar-style" />
10          <meta name="format-detection" content="telephone=no" />
11          <link rel="shortcut icon" href="img/favicon.ico?20150412" type="image/x-icon"/>
12          <style type="text/css">
13              /*这里边的 curusor 的值可以是以上表中的任何值,或是你自己定义*/
14              .a{ cursor:hand }
15          </style>
16      </head>
17      <body>
18          <h2>第 17 章</h2>
19          <h3>改变鼠标默认样式</h3>
20          <div class="a">超实用 HTML 代码段</div>
21          <div style="cursor:help;">超实用 HTML 代码段</div>
```

```
22        </body>
23    </html>
```

代码第 14 行使用了样式 cursor:hand 将鼠标设置为手型；也可以直接将样式表写在 div 标签中效果是一样的，在代码第 21 行中可以看到。

此外，cursor 的属性值可以是 url (url)，鼠标文件可以使用 jpg、gif、ani 和 cur 多种文件格式，例如：

```
<div style="cursor:url(img/superhtml.jpg);">超实用 HTML 代码段</div>
```

博文视点精品图书展台

专业典藏

移动开发

大数据·云计算·物联网

数据库

Web开发

程序设计

软件工程

办公精品

网络营销